建筑结构
抗震设计 理念与方法研究

王玉镯 著

中国水利水电出版社
www.waterpub.com.cn

内 容 提 要

本书根据新版《建筑结构抗震设计规范 GB 50011—2010)》(2010 年 12 月 1 日开始实施)编写,系统地介绍了建筑结构抗震设计的基本理论,包括地震及结构抗震防设的基本知识、多层与高层钢筋混凝土房屋抗震设计、多层砌体房屋与底部框架砌体房屋抗震设计、多层与高层钢结构房屋抗震设计、单层厂房抗震设计、建筑结构隔震设计和建筑结构消能减震设计等。本书内容丰富,条理清晰,采用典型建筑结构抗震设计的实例来阐述反震的特性和方法,技巧性强,难易兼顾,是一本值得学习研究的著作。

图书在版编目(CIP)数据

建筑结构抗震设计理念与方法研究/王玉镯著. --

北京:中国水利水电出版社,2016.7(2022.9重印)

ISBN 978-7-5170-4471-0

Ⅰ.①建… Ⅱ.①王… Ⅲ.①建筑结构－防震设计－

设计理念②建筑结构－防震设计－方法研究　Ⅳ.

①TU352.104

中国版本图书馆 CIP 数据核字(2016)第 142169 号

策划编辑:杨庆川　责任编辑:陈　洁　封面设计:马静静

书　　名	建筑结构抗震设计理念与方法研究
作　　者	王玉镯　著
出版发行	中国水利水电出版社
	(北京市海淀区玉渊潭南路 1 号 D 座 100038)
	网址:www. waterpub. com. cn
	E-mail:mchannel@263. net(万水)
	sales@mwr.gov.cn
	电话:(010)68545888(营销中心)、82562819(万水)
经　　售	北京科水图书销售有限公司
	电话:(010)63202643、68545874
	全国各地新华书店和相关出版物销售网点
排　　版	北京厚诚则铭印刷科技有限公司
印　　刷	天津光之彩印刷有限公司
规　　格	170mm×240mm　16 开本　17.25 印张　224 千字
版　　次	2016年7月第1版　2022年9月第2次印刷
印　　数	2001-3001册
定　　价	52.00 元

凡购买我社图书,如有缺页、倒页、脱页的,本社发行部负责调换

前　言

地震是一种突发性的自然灾害，会给人民生命和财产造成巨大的伤害。据统计，全世界每年发生的地震约达 500 万次，其中绝大多数地震由于发生在地球深处或所释放的能量较小而难以被人们感觉到；人们感觉到的地震仅占地震总量的 1‰左右，但这些为数不多的地震，却给人们带来了无可挽回的巨大经济损失和重大的人员伤亡。

2016 年日本九州熊本县 4 月 14 日晚至 15 日凌晨发生多次最大震级达到里氏 6.5 级，震度为 7 的强烈地震，造成 9 人死亡，800 多人受伤；2010 年 2 月 27 日智利发生了 8.8 级大地震，震源深度为 35 千米，此次地震造成至少 521 人死亡，59 人失踪，12000多人受伤；2008 年 5 月 12 日发生在四川汶川的 8.0 级大地震造成了近十万人伤亡，这是新中国成立以来破坏性最强、波及范围最广的一次地震。这起历史罕见的地震灾害所造成的巨大破坏，令举国震惊，举世关注，所以加强抗震设防尤为重要。

我国是一个地震灾害多发的国家，也是地震灾害最严重的国家，所以，结构抗震设计是建筑设计的重要内容。结构抗震是一门多学科性、综合性很强的学科，它涉及地球物理学、地质学、地震学、结构动力学及工程结构学等学科。随着学科研究的深入，尤其是震害经验的不断积累，一些关于建筑结构抗震设计的新理论、新方法不断出现。建筑抗震设计规范是结构抗震设计新理论、新方法的集中体现。为了便于读者理解和掌握实际技能，作者以《建筑抗震设计规范》(GB50011—2010) 及《建筑工程抗震设防分类标准》(GB50223—2008) 等规范为依据，汲取了建筑结构抗震方面的最新研究成果和经验，撰写了《建筑结构抗震设计理念与方法研究》这本书。

　　本书的内容组织结构为：首先介绍地震成因的基础知识、结构的抗震设防和建筑抗震设计的基本要求（第1章），然后讲述多层与高层钢筋混凝土房屋、砌体房屋以及结构房屋的抗震设计方法（第2～4章），之后是单层厂房抗震的设计方法（第5章），最后介绍已经成为抗震设计重要内容之一的结构隔震与消能减震技术设计的原理和方法（第6、7章）。全书深入浅出，理论与实践相结合，更注重实际经验的运算；结构体系上重点突出，详略得当，还注意了知识的融贯性，突出整合性的撰写原则。

　　本书在撰写过程中参考了大量书籍，在此向有关作者表示衷心的感谢并在参考文献中列出。

　　由于作者水平有限，书中难免存在错误和不妥之处，殷切希望读者批评指正。

山东建筑大学　王玉镯

2016年3月

目　录

第1章 引言

强烈地震在瞬息之间就可以对地面上的建筑物造成严重破坏。现代科技的发展,虽能对地震的发生进行预测,但准确地预报何时、何地将发生何种强度的地震目前是很困难的,因此对抗震与减震进行研究是非常有必要的。

1.1 地震的成因

根据地震形成原因的不同,地震可分为四大类,具体如图 1-1 所示。

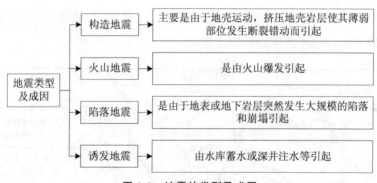

图 1-1 地震的类型及成因

在这四种类型的地震中,构造地震分布最广,危害最大,占地震总量的 90% 以上;虽然火山地震造成的破坏性也较大,但在我国不常见;其他两种类型的地震一般震级较小,破坏性也不大。

用来解释构造地震成因的最主要学说是断层说和板块构造说。

断层说认为,组成地壳的岩层时刻处于变动状态,产生的地应力也在不停变化。当地应力较小时,岩层尚处于完整状态,仅能发生褶皱。随着作用力不断增强,当地应力引起的应变超过某处岩层的极限应变时,该处的岩层将产生断裂和错动(图 1-2)。而承受应变的岩层在其自身的弹性应力作用下将发生回跳,迅速弹回到新的平衡位置。一般情况下,断层两侧弹性回跳的方向是相反的,岩层中构造变动过程中积累起来的应变能,在回弹过程中得以释放,并以弹性波的形式传至地面,从而引起地面的振动,这就是地震。

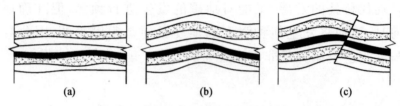

图 1-2 地壳构造变动与地震形成示意图

(a)岩层原始状态;(b)受力后发生褶皱变形;(c)岩层断裂产生振动

如图 1-3 所示,地球的表面岩的六大板块并不是静止不动的,它们之间相对缓慢地进行运动,两两交界处会发生相对挤压和碰撞,从而致使板块边缘附近岩石层脆性断裂而引发地震。地球上大多数地震就发生在这些板块的交界处,从而使地震在空间分布上表现出一定的规律,即形成地震带。

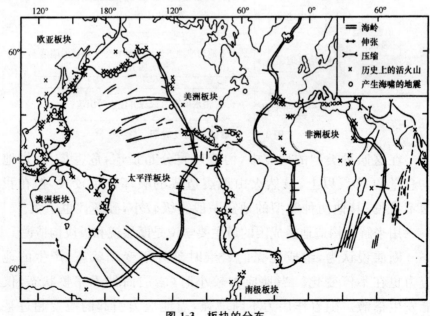

图 1-3 板块的分布

1.2 结构的抗震设防

1.2.1 抗震设防依据

1.基本烈度和地震动参数

我国使用基本烈度的概念来对某地区未来一定时间内可能发生的最大烈度进行预测,并编制了《中国地震烈度区划图(1990)》,示意图如图 1-4 所示,一般情况下可采用《中国地震动参数区划图》的地震基本烈度或设计地震动参数作为抗震设防依据。

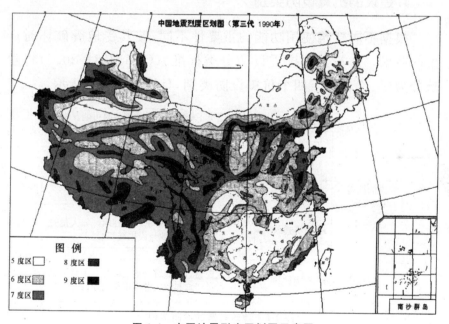

图 1-4 中国地震烈度区划图示意图

2.地震小区划

地震烈度区划考虑了较大范围的平均地质条件,对大区域地震活动水平做出了预测。震害经验表明,即使同一地区,场地不同,建筑物受到震害的程度也就不同,也就是说,局部场地条件对地震动的特性和地震破坏效应存在较大影响。地震小区划就是在地震烈度区划的基础上,考虑局部场地条件,给出某一区域(如一个城市)的地震烈度和地震动参数。

3. 设计地震分组

在同样烈度下,将抗震设计分为震中距离近、震中距离中等、震中距离远三组。

1.2.2 建筑物重要性分类与设防标准

1. 建筑的抗震设防类别

根据不同建筑使用功能的重要性不同,按其受地震破坏时产生的后果,《建筑工程抗震设防分类标准》(GB50223—2008)将建筑分为甲、乙、丙、丁四个抗震设防类别,具体如图 1-5 所示。

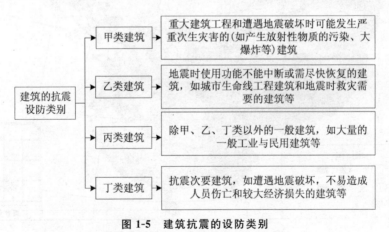

图 1-5 建筑抗震的设防类别

2. 建筑抗震设防标准

对于不同抗震设防类别的建筑,抗震设计时可采用不同的抗震设防标准。我国规范对各抗震设防类别建筑的抗震设防标准,在地震作用计算和抗震措施方面作了规定,如图 1-6 所示。

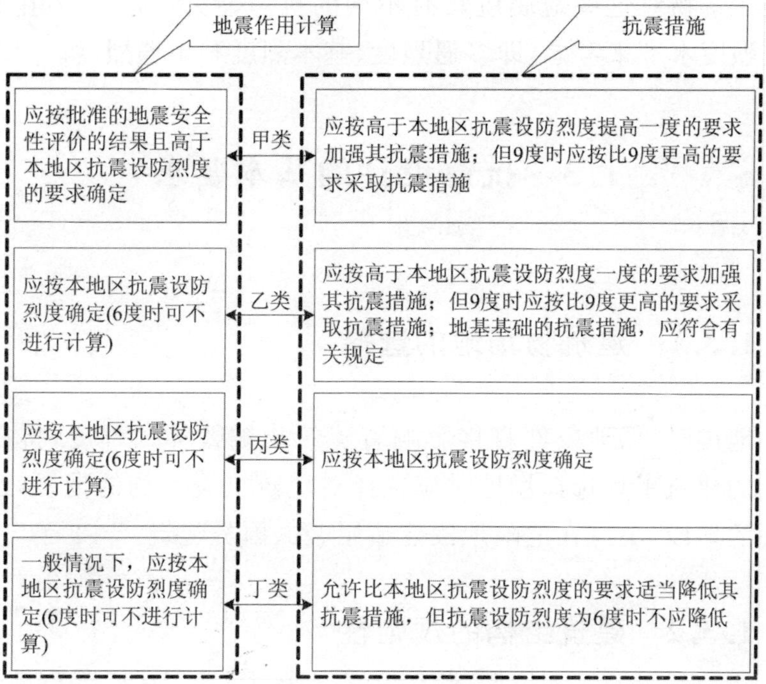

地震作用计算　　　　抗震措施

	地震作用计算	抗震措施
甲类	应按批准的地震安全性评价的结果且高于本地区抗震设防烈度的要求确定	应按高于本地区抗震设防烈度提高一度的要求加强其抗震措施;但9度时应按比9度更高的要求采取抗震措施
乙类	应按本地区抗震设防烈度确定(6度时可不进行计算)	应按高于本地区抗震设防烈度一度的要求加强其抗震措施;但9度时应按比9度更高的要求采取抗震措施;地基基础的抗震措施,应符合有关规定
丙类	应按本地区抗震设防烈度确定(6度时可不进行计算)	应按本地区抗震设防烈度确定
丁类	一般情况下,应按本地区抗震设防烈度确定(6度时可不进行计算)	允许比本地区抗震设防烈度的要求适当降低其抗震措施,但抗震设防烈度为6度时不应降低

图 1-6　建筑抗震设防标准

1.2.3　建筑抗震设防的目标

我国《抗震规范》提出的"三水准"抗震设防目标如图 1-7 所示。

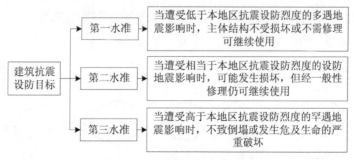

建筑抗震设防目标

第一水准：当遭受低于本地区抗震设防烈度的多遇地震影响时,主体结构不受损坏或不需修理可继续使用

第二水准：当遭受相当于本地区抗震设防烈度的设防地震影响时,可能发生损坏,但经一般性修理仍可继续使用

第三水准：当遭受高于本地区抗震设防烈度的罕遇地震影响时,不致倒塌或发生危及生命的严重破坏

图 1-7　建筑抗震设防的目标

基于上述抗震设防目标,建筑物在设计使用年限内,会遭遇

到不同频度和强度的地震,从安全性和经济性的综合协调考虑,不同建筑物对这些地震应具有不同的抗震能力。这可以用 3 个地震烈度水准来考虑,即多遇烈度、基本烈度和罕遇烈度。

1.3 抗震设计的基本要求

1.3.1 建筑物场地的选择

地震时,场地条件直接影响着建筑物被毁坏的程度,抗震设防区的建筑工程选择场地时应选择对建筑抗震有利的地段,避开不利的地段,不应在危险地段建造甲、乙、丙类建筑。

1.3.2 建筑结构的规则性

1.建筑平面布置应简单规整

建筑结构的简单和复杂可通过其平面形状来区分(图 1-8)。地震区房屋的建筑平面以方形、矩形、圆形为好,正六角形、正八边形、椭圆形、扇形次之。三角形平面虽然也属简单形状,但是由于它沿主轴方向不都是对称的,在地震作用下容易发生较强的扭转振动,对抗震不利,因而不是抗震结构的理想平面形状。此外,带有较长翼缘的 T 形、L 形、U 形、十字形等平面(图 1-9)对抗震结构性能也不利。

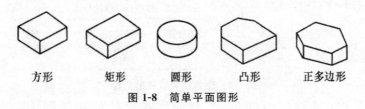

| 方形 | 矩形 | 圆形 | 凸形 | 正多边形 |

图 1-8　简单平面图形

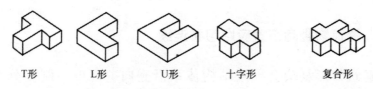

T形　　　L形　　　U形　　　十字形　　　复合形

图1-9 复杂平面图形

平面不规则有以下几种类型。

（1）扭转不规则

楼层的最大弹性水平位移大于该楼层两端弹性水平位移平均值的1.2倍,如图1-10(a)所示。

（2）凹凸不规则

结构平面凹进的一侧尺寸,大于相应投影方向总尺寸的30%,如图1-10(b)所示。

（3）楼板局部不连续

楼板的尺寸和平面刚度急剧变化。例如,开洞面积大于该楼层面积的30%,或较大的楼层错层,或有效楼板宽度小于该层楼板典型宽度的50%,如图1-10(c)所示。

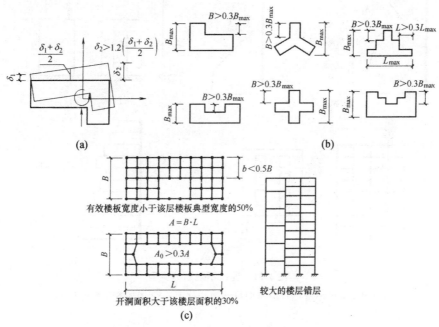

图1-10 平面不规则的类型

(a)扭转不规则;(b)凹凸不规则;(c)楼板局部不连续

2. 建筑物竖向布置应均匀和连续

建筑体形复杂会导致结构体系沿竖向的强度与刚度分布不均匀,在地震作用下容易使某一层或某一部位率先屈服而出现较大的弹塑性变形。例如,立面突然收进的建筑或局部突出的建筑,会在凹角处产生应力集中;大底盘建筑,在低层裙房与高层主楼相连处,体形突变引起刚度突变,使裙房与主楼交接处的塑性变形集中;柔性底层建筑,因底层需要开放大空间,上部的墙、柱不能全部落地,形成柔弱底层。

竖向不规则的类型如下:

①侧向刚度不规则[图 1-11(a)]。

②竖向抗侧力构件不连续[图 1-11(b)]。

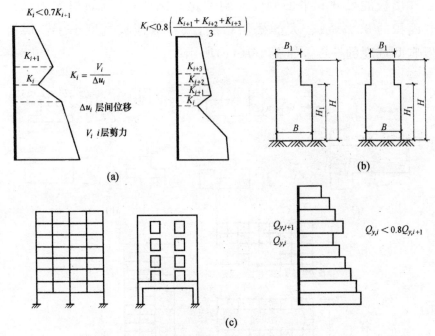

图 1-11 竖向不规则的类型

(a)侧向刚度不规则;(b)竖向抗侧力构件不连续;(c)楼层承载力突变

3. 刚度中心和质量中心应一致

房屋中抗侧力构件合力作用点的位置称为质量中心。地震时,如果刚度中心和质量中心不重合,会产生扭转效应使远离刚度中心的构件产生较大应力而严重破坏。例如,具有伸出翼缘的复杂平面形状的建筑,伸出端往往破坏较重。又如,建筑上将质量较大的特殊设备、高架游泳池偏设,造成质心偏离刚心,同样也会产生扭转效应。

4. 复杂体形建筑物的处理

房屋体形常常因其使用功能和建筑美观的限制,不易布置成简单规则的形式。对于体形复杂的建筑物可采取下面两种处理方法:设置建筑防震缝,将建筑物分隔成规则的单元,但设缝会影响建筑立面效果,容易引起相邻单元之间碰撞;不设防震缝,但应对建筑物进行细致的抗震分析,采取加强措施提高结构的抗变形能力。

1.3.3 抗震结构体系

1. 结构屈服机制

结构屈服机制可以根据地震中构件出现屈服的位置和次序将其划分为两种基本类型:层间屈服机制和总体屈服机制。层间屈服机制是指结构的竖向构件先于水平构件屈服,塑性铰首先出现在柱上,只要某一层柱上下端出现塑性铰,该楼层就会整体侧向屈服,发生层间破坏,如弱柱型框架、强梁型联肢剪力墙等。总体屈服机制是指结构的水平构件先于竖向构件屈服,塑性铰首先出现在梁上,使大部分梁甚至全部梁上出现塑性铰,结构也不会形成破坏机构,如强柱型框架、弱梁型联肢剪力墙等。总体屈服机制有较强的耗能能力,在水平构件屈服的情况下,仍能维持相对稳定的竖向承载力,可以继续经历变形而不倒塌,其抗震性能优于层间屈服机制。

2. 多道抗震防线

框架-抗震墙结构是具有多道防线的结构体系,它的主要抗侧力构件抗震墙是第一道防线,当抗震墙部分在地震作用下遭到损坏后,框架部分则起到第二道防线的作用,可以继续承受水平地震作用和竖向荷载。还有些结构本身只有一道防线,若采取某些措施,改善其受力状态,增加抗震防线。如框架结构只有一道防线,若在框架中设置填充墙,可利用填充墙的强度和刚度增设一道防线。在强烈地震作用下,填充墙首先开裂,吸收和消耗部分地震能量,然后退出工作,此为第一道防线;随着地震反复作用,框架经历较大变形,梁柱出现塑性铰,可看作第二道防线。

1.3.4　结构构件与非结构构件

结构构件要有足够的强度,其抗剪、抗弯、抗压、抗扭等强度均应满足抗震承载力要求。

结构构件的刚度要适当。若构件刚度太大,会降低其延性,增大地震作用,还要多消耗大量材料。抗震结构要在刚柔之间寻找合理的方案。

结构构件应具有良好的延性。从某种意义上说,结构抗震的本质就是延性,提高构件延性可以增加结构抗震潜力,增强结构抗倒塌能力。采取合理构造措施可以提高和改善构件延性,如砌体结构具有较大的刚度和一定的强度,但延性较差,若在砌体中设置圈梁和构造柱,将墙体横竖相箍,可以大大提高其变形能力。又如钢筋混凝土抗震墙刚度大强度高,但延性不足,若在抗震墙中用竖缝把墙体划分成若干并列墙段,则可以改善墙体的变形能力,做到强度、刚度和延性的合理匹配。

构件之间要有可靠连接,保证结构空间整体性。

　　设计时要考虑非结构的墙体对结构抗震的有利和不利影响，采取妥善措施。

　　与非结构的墙体不同的是，附属构件或装饰物这些构件不参与主体结构工作。

1.3.5　隔震与消能

　　隔震与消能技术的采用，应根据建筑抗震设防类别、设防烈度、场地条件、结构方案及使用条件等，经对结构体系进行技术、经济可行性的综合对比分析后确定。

　　采用隔震与消能技术的建筑，在遭遇本地区各种强度的地震时，其上部结构的抗震能力应高于相应的一般建筑，并且除隔震器连接基础与上部结构外，所有结构及管道应采取适应隔震层地震时变形的措施。

　　要有防止隔震器意外丧失稳定性而发生严重破坏的保证措施。

　　还应考虑隔震器与耗能部件便于检修和替换。

第2章 多层与高层钢筋混凝土
房屋抗震设计

目前,在我国地震区的多层和高层房屋建筑中大量采用钢筋混凝土结构形式,根据房屋的高度和抗震设防烈度的不同分别采用框架结构、框架-抗震墙结构、抗震墙结构、简体结构等。另外,异型柱框架结构也逐渐被采用,它使住宅的房间内无凸出的柱角而受到用户的欢迎。

框架-抗震墙房屋,由于在房屋的纵、横方向适当位置设置了几道厚度不小于 160mm,且不小于层高 1/20 的钢筋混凝土墙,使得在抗震墙平面内的侧向刚度比框架的侧向刚度大得多。水平地震作用产生的剪力主要是由抗震墙来承受,小部分剪力则由框架承受,而框架主要承受竖向荷载。由于框架-抗震墙房屋充分发挥了抗震墙和框架各自的优点,因此,在高层建筑中采用框架-抗震墙结构比框架结构更经济合理。

对于更高层的建筑或超高层建筑可采用框架-简体结构、简体结构等。这些结构的设计可参阅有关专著。本章着重介绍混凝土房屋、框架结构、抗震墙结构和抗震墙以及混凝土-抗震墙结构的抗震设计。

2.1 多层与高层钢筋混凝土房屋的震害及其分析

2.1.1 钢筋混凝土框架房屋的震害

在我国现在的多高层建筑中,钢筋混凝土结构应用最普遍,其中钢筋混凝土框架结构是最常用的结构形式。在我国的历次大地震中,这类房屋的震害比多层砌体房屋要轻得多。但是,在 8 度和 8 度以上的未经抗震防设的钢筋混凝土框架房屋也存在不少的缺陷,严重者将会导致倒塌。因此,总结震害经验教训,有助于搞好这类房屋的抗震设计。

1. 结构在强地震作用下整体倒塌破坏

在强烈地震作用下,由于钢筋混凝土框架结构存在不均匀性,结构的薄弱部位率先破坏,发展弹塑性变形,造成安全系数不高。当地震能量过大时,远远超过建筑结构的极限承载能力时,也会导致结构整体倒塌破坏。例如,2016 年台湾高雄 6.7 级大地震中,位于台南永大路等地发生的大楼倒塌,多人被困,造成较大的经济损失(图 2-1)。

图 2-1 2016 年台湾高雄台南永大路发生的大楼倒塌

2. 结构层间屈服强度有明显的薄弱楼层

钢筋混凝土框架结构在竖向抗侧刚度和楼层抗侧承载力上存在较大的不均匀性,在强烈地震作用下,结构的薄弱楼层最先屈服,发展弹塑性变形,并形成弹塑性变形集中的现象。如图 2-2 为都江堰市某住宅小区受地震影响后,总共五层的建筑变成了"三层"。

图 2-2　汶川地震中框架结构住宅楼薄弱的底部两层倒塌

　　又如,1976 年唐山大地震中,由于该结构楼层屈服强度分布不均匀,造成第 6 层和第 11 层的弹塑性变形集中,导致该结构 6 层以上全部倒塌。图 2-3 示出了该结构输入弹性波的弹塑性分析结果。

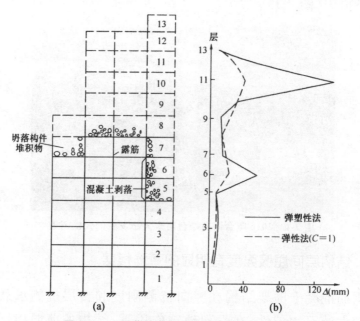

图 2-3　13 层蒸吸塔框架弹塑性地震反应分析

(a)破坏分布;(b)层间最大弹塑性位移

3. 柱端与节点的破坏较为突出

　　框架结构的构件震害一般是梁轻柱重,柱顶重于柱底,尤其是角柱和边柱更易发生破坏,如图 2-4 所示。除剪跨比小的短柱易发生柱中剪切破坏外,一般柱是柱端的弯曲破坏,轻者发生水平或斜向断裂;重者混凝土压酥,主筋外露、压屈和箍筋崩脱,如图 2-5 所示。当节点核芯区无箍筋约束时,节点与柱端破坏合并加重,如图 2-6 所示。当柱侧有强度高的砌体填充墙紧密嵌砌时,柱顶剪切破坏加重,破坏部位还可能转移到窗(门)洞上下处,甚至出现短柱的剪切破坏,如图 2-7 所示。

图 2-4　角柱和边柱更易在地震中发生破坏

图 2-5　汶川地震中,某建筑柱头混凝土压碎,钢筋笼呈灯笼状

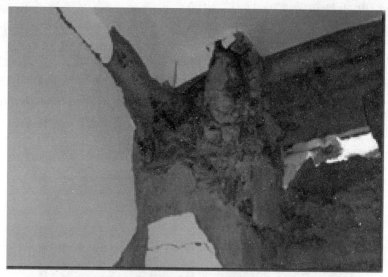

图 2-6　汶川地震中,梁柱节点的剪切破坏

图 2-7　地震中,节点核芯区箍筋约束不足或无箍筋约束时,节点和柱端破坏加重

2.1.2　高层钢筋混凝土抗震墙结构和钢筋混凝土框架-抗震墙结构房屋的震害

历次地震震害表明,高层钢筋混凝土抗震墙结构和高层钢筋混凝土框架-抗震墙结构房屋具有较好的抗震性能,其震害一般比较轻,其震害主要特点如下:

1. 设有抗震墙的钢筋混凝土结构有良好的抗震性能

中国汶川 8.0 级大地震中,具有抗震墙的钢筋混凝土结构房屋绝大部分基本完好或只有小部分中等程度受到破坏。图 2-8 为汶川地震中某一栋楼房的框架剪力墙结构。该建筑主体结构 10 层,局部 11 层,平面呈弧形,横向 3 跨,纵向 10 多跨,只在电梯井和建筑两端设了剪力墙,但纵向剪力墙较少。

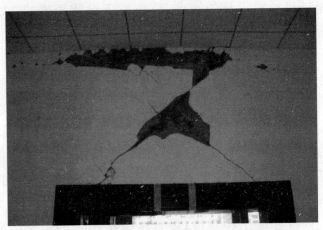

图 2-8　大楼剪力墙连梁跨高比小,剪切破坏

2. 连梁和墙肢底层的破坏是抗震墙的主要震害

多数情况下,抗震墙往往具有剪跨比较小的高梁($l/d \leqslant 2$)。除了端部很容易出现垂直的弯曲裂缝外,还很容易出现斜向的剪切裂缝。当抗剪箍筋不足或剪应力过大时,可能很早就出现剪切破坏,使墙肢间丧失联系,抗震墙承载能力降低。例如,1964 年美国阿拉斯加地震时,安克雷奇市的一幢公寓山墙的破坏是很典型的连系梁剪切破坏的例子,该连系梁的跨高比小于 1。

抗震墙的底层墙肢内力最大,容易在墙肢底部出现裂缝及破坏。对于开口抗震墙,在水平荷载下受拉的墙肢往往轴压力较小,有时甚至出现拉力,墙肢底部很容易出现水平裂缝。对于层高小而宽度较大的墙肢,也容易出现斜裂缝。

2.2 多层与高层钢筋混凝土房屋抗震设计的一般要求

地震作用具有较强的随机性和复杂性,因此可允许抗震设计在强烈地震作用下破坏严重,但不应倒塌。依靠弹塑性变形消耗地震的能量是抗震设计的特点,防止高于设防烈度的"大震"不倒是抗震设计要达到的目标。

2.2.1 钢筋混凝土房屋适用的最大高度

不同的结构体系,其抗震性能、使用效果与经济指标也不同。规范并总结国内外大量震害和工程设计经验,规定了地震区各种结构体系的最大适用高度,见表 2-1。框架-核心筒结构中,带有部分仅承受竖向荷载的无梁板柱时,如图 2-9 所示,不作为规范表 2-1 的板柱-抗震墙结构对待;设置少量抗震墙的框架结构基本上属于框架结构,其适用最大高度宜按框架结构取值,最大宽度比不宜超过表 2-2 的限值。

表 2-1 现浇钢筋混凝土房屋适用的最大高度 （单位:m）

结构类型		烈度				
		6	7	8(0.2g)	8(0.3g)	9
框架		60	50	40	35	24
框架-抗震墙		130	120	100	80	50
抗震墙		140	120	100	80	60
部分框支抗震墙		120	100	80	50	不应采用
筒体	框架-核心筒	150	130	100	90	70
	筒中筒	180	150	120	100	80
板柱-抗震墙		80	70	55	40	不应采用

表 2-2 钢筋混凝土高层建筑结构适用的最大高宽比

结构类型	非抗震设计	设防烈度		
		6、7	8	9
框架	5	4	3	—
板柱-剪力墙	6	5	4	—
框架-剪力墙、剪力墙	7	6	5	4
框架-核心筒	8	7	6	4
筒中筒	8	8	7	5

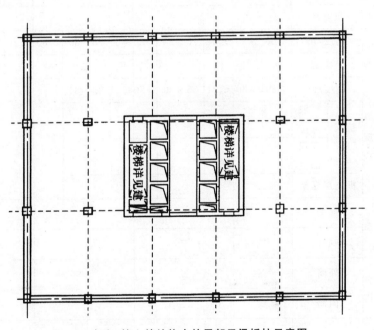

图 2-9 框架-核心筒结构中的局部无梁板柱示意图

2.2.2 结构的抗震等级划分

抗震等级是结构构件抗震设防的标准,根据不同结构类型和房屋高度设计不同的等级,等级的划分还考虑到了技术要求和经济条件。抗震等级划分共分为四级,体现了不同的抗震要求,其中一级抗震要求最高。丙类多层及高层钢筋混凝土结构房屋的抗震等级划分见表2-3。

表2-3　丙类多层及高层钢筋混凝土结构房屋的抗震等级

结构类型		设防烈度									
		6		7			8			9	
框架结构	高度	≤24	>24	≤24	>24		≤24	>24		≤24	
	框架	四	三	三	二		二	一		一	
	大跨度框架	三		二			一				
框架-抗震墙结构	高度/m	≤60	>60	≤24	25~60	>60	≤24	25~60	>60	≤24	25~50
	框架	四	三	四	三	二	三	二	一	二	一
	抗震墙	三	三	三		二		一		二	一
抗震墙结构	高度/m	≤80	>80	≤24	25~80	>80	≤24	25~80	>80	≤24	25~60
	抗震墙	四	三	四	三	二	三	二	一	二	一
部分框支抗震墙结构	高度/m	≤80	>80	≤24	25~80	>80	≤24	25~80			
	抗震墙 一般部位	四	三	四	三	二	三	二			
	抗震墙 加强部位	三	二	三	二	一	二	一			
	框支层框架	二		二			一				
框架-核心筒结构	框架	三		二			一			一	
	核心筒	二		二			一			一	
筒中筒结构	外筒	三		二			一			一	
	内筒	三		二			一			一	
板柱-抗震墙结构	高度/m	≤35	>35	≤35	>35		≤35	>35			
	框架、板柱的柱	三	二	二	二		一	二			
	抗震墙	二	二	二	一		二	一			

　　其他类建筑采取的抗震措施应按有关规定和表2-3确定对应的抗震等级。由表2-3可见,在同等设防烈度和房屋高度的情

况下,对于不同的结构类型,其次要抗侧力构件抗震要求可低于主要抗侧力构件,即抗震等级低些。

框架承受的地震倾覆力矩可按下式计算:

$$M_c = \sum_{i=1}^{n} \sum_{j=1}^{m} V_{ij} h_i \tag{2-1}$$

式中,M_c 表示框架-抗震墙结构在规定的侧向力作用下框架部分承受的地震倾覆力矩;n 表示结构层数;m 表示框架 i 层柱根数;V_{ij} 表示第 i 层 j 根框架柱的计算地震剪力;h_i 表示第 i 层层高。

裙房与主楼相连,抗震措施需要适当加强。对于裙房,除应按裙房本身确定抗震等级外,相关范围一般从主楼外延 3 跨且不小于 20m,相关范围以外的区域可按裙房自身的结构类型确定其抗震等级。裙房主楼之间设防震缝,也需要采取加强措施,见图 2-10。

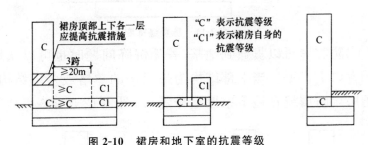

图 2-10　裙房和地下室的抗震等级

2.2.3　防震缝的设计

震害表明,在强烈地震作用下相邻结构仍可能局部碰撞而损坏。防震缝宽度过大,会给建筑处理造成困难,因此,本次规范修编不再强调 2001 版规范中对不规则的建筑结构设防震缝的要求,是否设置防震缝应按结构规则性要求综合判断,以解决不设防震缝带来的不利影响,如差异沉降、偏心扭转、温度变形等。

1. 防震缝

在建筑平面过长、结构单元的结构体系不同、高度和刚度相差过大等情况下，应考虑设防震缝，其最小宽度应符合以下要求：

①钢筋混凝土框架结构房屋的防震缝宽度，当高度不超过15m时不应小于100mm；超过15m时，6度、7度、8度和9度相应每增加高度5m、4m、3m和2m，宜加宽20mm。

②防震缝两侧结构类型不同时，宜按照需较宽防震缝的结构类型和较低房屋高度确定缝宽，如图2-11所示。

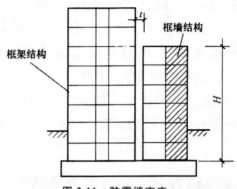

图2-11　防震缝宽度 t

③防震缝可以贯通到地基，若无沉降问题时也可以从地基或地下室以上贯通。当上部结构为带裙房的单塔或多塔结构时，可将裙房用防震缝自地下室以上分隔，如图2-12所示。

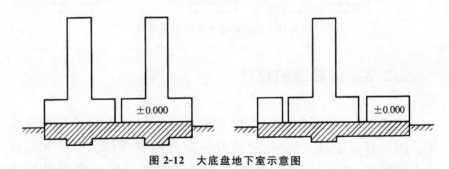

图2-12　大底盘地下室示意图

2.防震缝与抗撞墙

震害和试验研究表明钢筋混凝土框架结构的碰撞将造成较严重的破坏，特别是防震缝两侧的构件。若钢筋混凝土框架结构房屋防震缝两侧结构高度、刚度或层高相差较大时，可在防震缝两侧房屋设置不应少于两道抗撞墙，墙肢长度可不大于 1/2 层高,如图 2-13 所示。

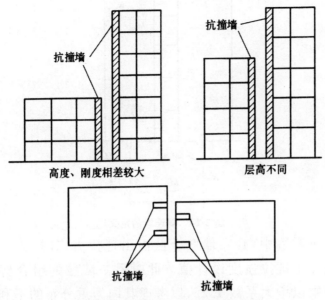

图 2-13　框架结构采用抗撞墙示意图

3. 抗震结构宜有多道抗震防线

框架填充墙结构一般是性能较差的多道抗震防线结构,其中刚度大而承载力低的砌体填充墙实际上是与框架共同工作,但却是抗震性能差的第一道防线,一旦它达到极限承载力,刚度退化较快,将把较多的地震作用转移到框架部分。一般情况下,有砌体填充墙框架的抗震设计只考虑填充墙重量和刚度对框架的不利影响,而不计其承载力有利作用。

抗震墙结构中抗震墙可以通过合理设置连梁组成多肢联肢墙,使其具有优良的多道抗震防线性能。一般情况下,联肢墙宜采用弱连梁,即在地震作用下连梁的总约束弯矩不大于该层联肢墙所承受的总弯矩的 20%,见图 2-14。

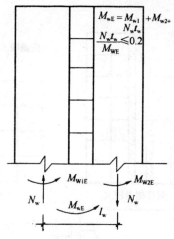

$$M_{wE} = M_{w1} + M_{w2+}$$
$$\frac{N_w l_w}{M_{WE}} \leq 0.2$$

图 2-14　弱连梁的定义

双肢抗震墙中,凡一墙肢全截面出现拉力,其拉力不应超过全截面混凝土抗拉强度设计值。此时另一墙肢的组合剪力和组合弯矩应乘以增大系数 1.25,以考虑其内力重分布的不利影响。

2.2.4　建筑结构布置宜规则

由于地震作用的复杂性,建筑结构的地震反应还不能充分通过计算分析了解清楚,因此建筑结构的合理布置能起到重要的作用。近年来提出的"规则建筑"的概念,包括了建筑的平、立面形状和结构刚度、屈服强度分布等方面的综合要求。

1. 建筑的平面

扭转和应力集中效应,避免过大的外伸或内收等措施来减小地震作用对建筑结构的整体和局部的不利影响。规范规定房屋平面的凹角或凸角不大于该方向总长度的 30%,可以认为建筑外形是规则的,见图 2-15。否则为凹凸不规则。

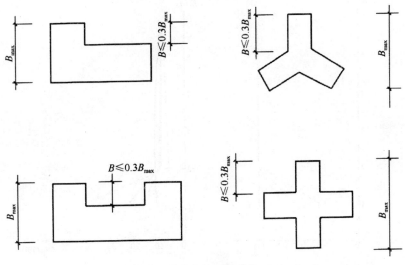

图 2-15　平面规则的建筑

2. 沿房屋高度的层间刚度和层间屈服强度的分布宜均匀

　　水平地震作用下,结构处于弹性阶段时,其层间弹性位移分布主要取决于层间刚度分布(图 2-16)。在弹塑性阶段,层间弹塑性位移分布主要取决于层间屈服强度系数 ξ_y。ξ_y 分布越不均匀,ξ_y 的最小值越小,层间弹塑性变形集中现象越严重,见图 2-17。

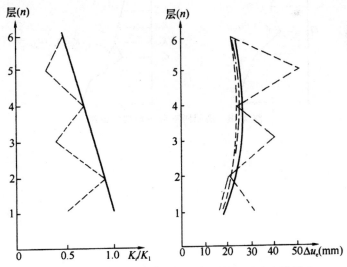

图 2-16　层间刚度突变对结构层间弹性位移分布的影响

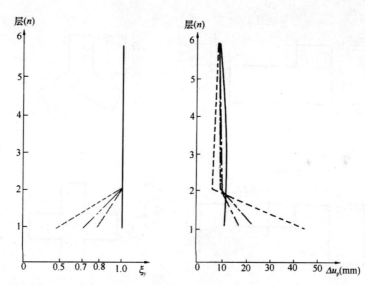

图 2-17 层间屈服强度系数突变对结构层间弹塑性位移分布的影响

根据大量地震反应分析统计,结构的层间刚度不小于其相邻上层刚度 70%,且不小于其上部相邻三层刚度平均值 80%,见图 2-18;层间屈服强度系数不小于其相邻层屈服强度系数平均值的 80%,见图 2-19,可认为是较均匀的结构。

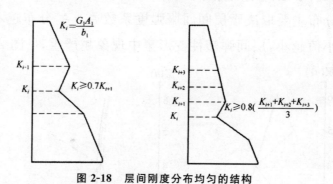

图 2-18 层间刚度分布均匀的结构

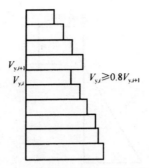

图 2-19　层间强度分布均匀的结构

3. 构件在极限破坏前不发生明显的脆性破坏

延性破坏和脆性破坏两者的变形性能差别很大，这与很多因素有关，诸如构件的抗剪和抗弯承载力比、剪跨比、轴压比、配箍率和箍筋形式、混凝土和钢筋材料、钢筋连接和锚固方式等。抗震规范中许多规定都是属于这方面的要求。

（1）轴压比限制

试验研究表明，柱的变形能力随轴压比[①]增大而急剧降低，尤其在高轴压比下，增加箍筋对改善柱变形能力的作用并不甚明显。所以，抗震结构应限制偏心受压构件的轴压比，特别是框架柱和框支柱，但是轴压比又是影响构件截面尺寸从而提高造价的重要因素，这种限制必须符合我国目前技术水平和经济条件。规范参考了界限轴压比和地震震害实际情况，分不同抗震等级取用了不同的限值。

轴压比的界限值可由柱截面受拉边钢筋达到抗拉强度的同时受压区混凝土边缘达到其极限压应变确定，见图 2-20。

1）界限相对中和轴高度

对有屈服点的钢筋（热轧钢筋、冷拉钢筋）

---

① 轴压比是控制偏心受拉边钢筋先到抗拉强度，还是受压区混凝土边缘先达到其极限压应变的主要指标。

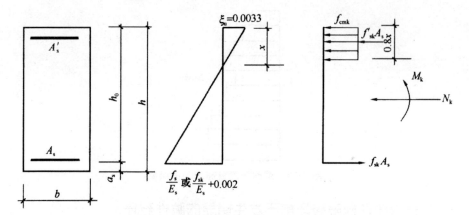

图 2-20　界限状态时柱截面应变及内力图

$$\xi = \frac{x}{h_0} = \frac{\xi_u}{\xi_u + \dfrac{f_{sk}}{E_s}} = \frac{0.0033}{0.0033 + \dfrac{f_{sk}}{E_s}} \quad (2\text{-}2)$$

对无屈服点的钢筋(热处理钢筋、钢丝和钢绞线)

$$\xi = \frac{x}{h_0} = \frac{\xi_u}{\xi_u + \dfrac{f_{sk}}{E_s} + 0.002} = \frac{0.0033}{0.0053 + \dfrac{f_{sk}}{E_s}} \quad (2\text{-}3)$$

对 HPB235、HRB335 和 HRB400 级钢筋,ξ 值分别为 0.747、0.663 和 0.623。

2)界限轴压比

在对称配筋情况下

$$N_k = 0.8bx f_{cmk} \approx 1.2bx f_c$$

$$\frac{N}{N_k} = \frac{\gamma_G N_G + \gamma_{Eh} N_E}{N_G + N_E} \approx 1.2$$

$$\frac{h_0}{h} \approx 0.9$$

$$\frac{N}{bh f_c} = 1.2 \frac{N h_0 \xi}{N_k h} = 1.3\xi$$

对 HPB235、HRB335 和 HRB400 级钢筋,界限轴压比分别为 0.97、0.86 和 0.81。

（2）剪压比限制

现行的钢筋混凝土构件斜截面受剪承载力的设计表达式，是基于斜截面上箍筋基本能达到抗拉屈服强度，其受剪承载力随配筋特征值 $P_{sr} \dfrac{f_y}{f_c} \left(P_{sr} = \dfrac{A_{sr}}{bS} \right)$ 的增长呈线性关系。

根据反复荷载作用下构件试验结果分析，梁、柱和墙的剪压比采用 0.2 较为合适。例如，根据日本的抗震墙试验资料统计（图 2-21），平均剪应力低于 $0.15 f_c$ 时，墙的变形能力较好，其极限位移角 θ_u 可达 10×10^{-3} 弧度以上。换算成设计值时剪应力比相当于 0.2 值。

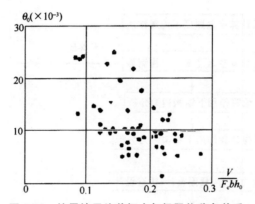

图 2-21　抗震墙平均剪切力与极限位移角关系

2.3　钢筋混凝土框架结构抗震设计

2.3.1　抗震设计步骤

与非抗震结构设计相比，考虑抗震的结构设计在确定结构方案和结构布置时要考虑使结构的自振周期避开场地卓越周期，否则应调整结构平面，直至满足为止。图 2-22 给出了多高层结构抗震设计流程图。

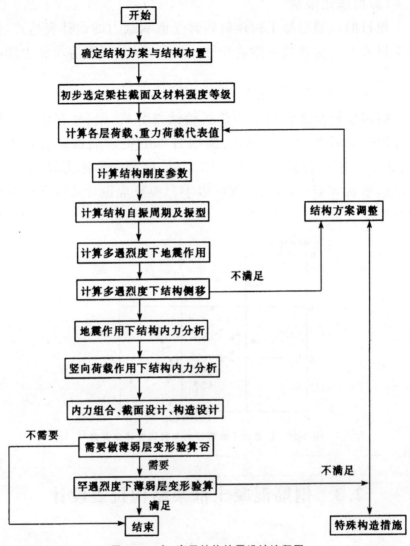

图 2-22　多、高层结构抗震设计流程图

2.3.2　地震作用计算

框架结构地震作用的计算有三种方法,即底部剪力法、振型分解反应谱法和时程分析法。由于实际建筑物是复杂的空间结构,且场地地基、非结构构件(如填充墙等)以及强震过程中结构可能进入弹塑性状态等因素都会影响结构的自振周期,所以,要

精确计算结构自振周期比较困难,通常只能算得结构自振周期的近似值,这在实际工程中已能满足要求。确定结构自振周期方法有 2 种。

第 1 种是对结构动力方程组的动力矩阵求特征值(相应于结构自振频率)和特征向量(相应于结构振型)。这一方法的精度取决于动力矩阵是否真正反映了结构的刚度特征。一般说来,这种方法精度较高,由于计算工作量较大,一般均借助于计算机和特定的程序,在计算机比较普及的现在已不是件难事。

第 2 种是利用对已有建筑物实测的自振周期经数理统计得出的经验公式。

工程中常用的经验公式如下:

(1)民用框架和框架-抗震墙房屋

$$T_1 = 0.33 + 0.00069 \frac{H^2}{\sqrt[3]{B}} \tag{2-4}$$

式中,H 为房屋主体结构的高度,m,不包括屋面以上特别细高的突出部分;B 为房屋振动方向的长度 m。

(2)多层钢筋混凝土框架厂房

$$T_1 = 1.25 \times \left[0.25 + 0.00013 \frac{H^{2.5}}{\sqrt[3]{L}} \right] \tag{2-5}$$

式中,H 为房屋折算高度,m;L 为房屋折算宽度,m。

房屋折算高度和宽度,分别按下式计算:

$$H = H_1 + \left(\frac{n}{m} \right) H_2 \tag{2-6}$$

$$L = L_1 + \left(\frac{n}{m} \right) L_2 \tag{2-7}$$

式中,H_1,H_2,L_1,L_2,n 和 m 的意义参见图 2-23。

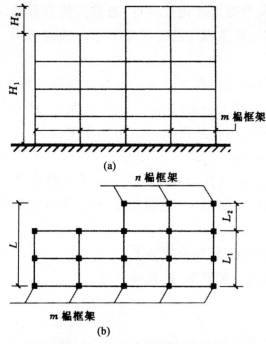

图 2-23　房屋折算高度和宽度

（a）房屋折算高度；（b）房屋折算宽度

由于建筑物本身千差万别，且场地地基条件各不相同，结构布局也有差异，因此，这类方法精度较低，可用于初步设计阶段估算结构自振周期，或者作为对计算机计算结果的评估。

其他还有一些实用近似计算方法，如能量法、顶点位移法等，这类方法物理概念明确，计算结果有一定的精度。但由于 PC 计算机的普及，实际工程中很少有人用这些方法去计算，有兴趣的读者可参阅其他有关著作。

2.3.3　框架内力和侧移的计算

1. 水平地震作用下框架内力分析

（1）反弯点法

框架在水平荷载作用下，结点将同时产生转角和侧移。根据分析，当梁的线刚度 k_b 和柱的线刚度 k_c 之比大于 3 时，结点转角

θ 将很小,其对框架的内力影响不大。因此,为简化计算,通常假定 $\theta=0$。实际上,这等于把框架横梁简化成线刚度无限大的刚性梁。这种处理可使计算大大简化,而其误差一般不超过 5%。见图 2-24。

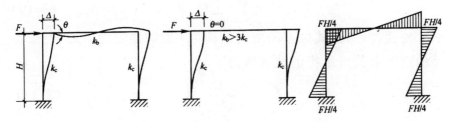

图 2-24　反弯点法

采用上述假定后,对一般层柱,在其 1/2 高度处截面弯矩为零,柱的弹性曲线在该处改变凹凸方向,故此处称为反弯点。反弯点距柱底的距离称为反弯点高度。而对于首层柱,取其 2/3 高度处截面弯矩为零。

柱端弯矩可由柱的剪力和反弯点高度的数值确定,边结点梁端弯矩可由结点力矩平衡条件确定,而中间结点两侧梁端弯矩则可按梁的转动刚度分配柱端弯矩求得。

假定楼板平面内刚度无限大,楼板将各平面抗侧力结构连接在一起共同承受水平力,当不考虑结构扭转变形时,同一楼层柱端侧移相等。根据同一楼层柱端侧移相等的假定,框架各柱所分配的剪力与其侧移刚度成正比,即第 i 层第 k 根柱所分配的剪力为

$$V_{ik} = \left(k_{ik} / \sum_{k=1}^{m} k_{ik}\right)V_i \quad (k = 1,2,\cdots,m) \tag{2-8}$$

式中,k_{ik} 为第 i 层第 k 根柱的侧移刚度;V_i 为第 i 层楼层剪力。

反弯点法适用于层数较少的框架结构,因为这时柱截面尺寸较小,容易满足梁柱线刚度比大于 3 的条件。

（2）修正反弯点法（D 值法）

根据底部剪力法或振型分解反应谱法求得了各楼层质点的水平地震作用。当用底部剪力法时,各楼层的地震剪力可按下式

求得：

$$V_i = \sum_{k=i}^{n} F_k + \Delta F_n \qquad (2\text{-}9)$$

当用振型分解反应谱法时，各楼层的地震剪力为

$$V_i = \sum_{j=1}^{n} (\sum_{k=i}^{n} F_{jk})^2 \qquad (2\text{-}10)$$

按式(2-9)或式(2-10)求得结构第 i 层的地震剪力后，再按各柱的刚度求其所承担的地震剪力。

$$V_{ik} = \frac{D_{ik}}{\sum\limits_{k=1}^{n} D_{ik}} V_i \qquad (2\text{-}11)$$

式中，V_{ik} 为第 i 层第 k 根柱分配到的水平地震引起的剪力；D_{ik} 为第 i 层第 k 根柱的刚度；$\sum\limits_{k=1}^{n} D_{ik}$ 为第 i 层所有柱刚度之和。

柱的侧移刚度 D 按下式计算：

当柱端固定无转动时，

$$D = D_0 = \frac{12 i_c}{h^2} \qquad (2\text{-}12)$$

当梁柱线刚度之比 $\bar{i} > 3$ 时，可近似采用式(2-12)；当梁柱刚度之比 $\bar{i} < 3$ 时，因误差较大，需按式(2-13)进行修正。

$$D = \alpha D_0 = \frac{12 i_c \alpha}{h^2} \qquad (2\text{-}13)$$

式中，i_c 为柱的线刚度，$i_c = \dfrac{12 E_c I_c}{h}$；$h$ 为柱的计算高度；E_c，I_c 分别为柱混凝土的弹性模量和柱的截面惯性矩；α 为结点转动影响系数，α 值与梁柱线刚度之比、柱端约束等有关，其值见表 2-4。

表 2-4　α 值计算公式表

层	边柱	中柱	α
一般层	i_{b1} i_c i_{b3} $\bar{i}=\dfrac{i_{b1}+i_{b3}}{2i_c}$	i_{b1}　i_{b2} i_c i_{b3}　i_{b4} $\bar{i}=\dfrac{i_{b1}+i_{b2}+i_{b3}+i_{b4}}{2i_c}$	$\alpha=\dfrac{\bar{i}}{2+\bar{i}}$
首层	i_{b5} i_c $\bar{i}=\dfrac{i_{b5}}{i_c}$	i_{b5}　i_{b6} i_c $\bar{i}=\dfrac{i_{b5}+i_{b6}}{i_c}$	$\alpha=\dfrac{0.5+\bar{i}}{2+\bar{i}}$

表 2-4 中，$i_{b1} \sim i_{b6}$ 为梁的线刚度，i_c 为柱的线刚度。梁的线刚度表达式为 $E_c I_b / l$，这里 l 为梁的跨度，i_b 为梁的惯性矩，E_c 为混凝土弹性模量。计算梁的线刚度时，可考虑楼板对梁刚度的有利影响，即板作为梁的翼缘参加工作。实际工程中为简化计算，梁均先按矩形截面计算其惯性矩 I_0，然后再乘表 2-5 中的增大系数，以考虑现浇楼板或装配整体式楼板上的现浇层对梁的刚度的影响。

表 2-5　框架梁截面惯性矩增大系数

结构类型	中框架	边框架
现浇整体梁板结构	2.0	1.5
装配整体式叠合梁	1.5	1.2

注:中框架是指梁两侧有楼板的框架,边框架是指梁一侧有楼板的框架。

混凝土弹性模量 E_c 在结构进入塑性变形阶段后其值会有所

降低,导致结构刚度也会随之降低。为此,计算结构刚度应乘以表 2-6 中刚度折减系数 β,如果各构件的 β 值相同,则计算内力时,折减 E_cI_c 值后计算内力值与不折减 E_cI_c 值的计算结果应该是相同的。但计算位移时,必须考虑刚度的折减。

表 2-6　刚度折减系数 β

结构类型	框架及抗震墙	框架与抗震墙相连的系梁
现浇结构	0.65	0.35
装配式结构	0.50~0.65	0.25~0.35

（3）柱端弯矩计算

根据上面算得的柱中地震剪力去确定柱端弯矩的关键在于确定柱的反弯点位置,当梁柱线刚度之比 $\bar{i}>3$ 时,可近似认为底层柱的反弯点在 $\frac{2}{3}h$ 处,其他各层均位于 $\frac{1}{2}h$ 处;当梁柱线刚度之比 $\bar{i}<3$ 时,D 值法的反弯点高度按下式确定:

$$h'=(y_0+y_1+y_2+y_3)h \tag{2-14}$$

式中,y_0 为标准反弯点高度比,其值根据框架总层数 m,该柱所在层数 n 和梁柱线刚度比 $\bar{i}$,由表 2-7 查得;y_1 为某层上下梁线刚度不同时,该层反弯点高度比的修正值,其值根据上下层梁线刚度和之比由表 2-8 查得,当上层梁线刚度之和小于下层梁线刚度之和时,反弯点上移,故 y_1 取正值,当上层梁线刚度之和大于下层梁线刚度之和时,反弯点下移,故 y_1 取负值;y_2 上层高度 h_u 与本层高度 h 不同时,反弯点高度比的修正值,其值根据 $\alpha_2=h_u/h$ 和 $\bar{i}$ 的值由表 2-9 查得;y_3 为下层高度 h_1,与本层高度 h 不同时,反弯点高度比的修正值,其值根据 $\alpha_3=h_1/h$ 和 $\bar{i}$ 值由表 2-7 查得。

当无额定了柱的高度后,即可按下式确定柱端弯矩:

$$M_{kl}=V_{ik}h' \tag{2-15}$$

$$M_{ku}=V_{ik}(h-h') \tag{2-16}$$

式中,V_{ik} 为第 i 层第 k 柱分配到的地震剪力;h 为本层柱高。

表 2-7　反弯点高度比 y_0（倒三角形节点荷载）

m	n	0.1	0.2	0.3	0.4	0.5	0.6	0.7	0.8	0.9	1.0	2.0	3.0	4.0	5.0
1	1	0.80	0.75	0.70	0.65	0.65	0.60	0.60	0.60	0.60	0.60	0.55	0.55	0.55	0.55	0.55
2	2	0.50	0.45	0.40	0.40	0.40	0.40	0.40	0.40	0.40	0.45	0.45	0.45	0.45	0.50
	1	1.00	0.85	0.25	0.70	0.65	0.65	0.65	0.65	0.60	0.60	0.55	0.55	0.55	0.55
3	3	0.25	0.25	0.25	0.30	0.30	0.35	0.35	0.35	0.40	0.40	0.45	0.45	0.45	0.45
	2	0.60	0.50	0.50	0.50	0.50	0.45	0.45	0.45	0.45	0.45	0.50	0.50	0.50	0.50
	1	1.15	0.90	0.80	0.75	0.75	0.70	0.70	0.65	0.65	0.65	0.55	0.55	0.55	0.55
4	4	0.10	0.15	0.20	0.25	0.30	0.35	0.35	0.35	0.35	0.40	0.45	0.45	0.45	0.45
	3	0.35	0.35	0.35	0.40	0.40	0.40	0.40	0.45	0.45	0.45	0.45	0.50	0.50	0.50
	2	0.70	0.60	0.55	0.50	0.50	0.50	0.50	0.50	0.50	0.50	0.50	0.50	0.50	0.50
	1	1.20	0.95	0.85	0.80	0.75	0.70	0.70	0.65	0.65	0.65	0.55	0.55	0.55	0.55
5	5	−0.05	0.10	0.20	0.25	0.30	0.30	0.35	0.35	0.35	0.35	0.40	0.45	0.45	0.45
	4	0.20	0.25	0.35	0.35	0.40	0.40	0.40	0.40	0.45	0.45	0.50	0.50	0.50	0.50
	3	0.45	0.40	0.45	0.45	0.45	0.45	0.45	0.45	0.45	0.50	0.50	0.50	0.50	0.50
	2	0.75	0.60	0.55	0.55	0.55	0.50	0.50	0.50	0.50	0.50	0.50	0.50	0.50	0.50
	1	1.30	1.00	0.85	0.80	0.75	0.70	0.70	0.65	0.65	0.65	0.60	0.55	0.55	0.55
6	6	−0.15	0.05	0.15	0.20	0.25	0.30	0.35	0.35	0.35	0.40	0.40	0.45	0.45	0.45
	5	0.10	0.25	0.30	0.35	0.35	0.40	0.40	0.40	0.45	0.45	0.45	0.50	0.50	0.50
	4	0.30	0.35	0.40	0.40	0.40	0.45	0.45	0.45	0.45	0.45	0.50	0.50	0.50	0.50
	3	0.50	0.45	0.45	0.45	0.45	0.45	0.45	0.45	0.50	0.50	0.50	0.50	0.50	0.50
	2	0.80	0.65	0.55	0.55	0.55	0.55	0.50	0.50	0.50	0.50	0.50	0.50	0.50	0.50
	1	1.30	1.00	0.85	0.80	0.75	0.70	0.70	0.65	0.65	0.65	0.55	0.55	0.55	0.55
7	7	−0.20	0.05	0.15	0.20	0.25	0.30	0.30	0.35	0.35	0.35	0.45	0.45	0.45	0.45
	6	0.05	0.20	0.30	0.35	0.35	0.40	0.40	0.40	0.40	0.45	0.45	0.50	0.50	0.50
	5	0.20	0.30	0.35	0.40	0.40	0.45	0.45	0.45	0.45	0.45	0.50	0.50	0.50	0.50
	4	0.35	0.40	0.40	0.45	0.45	0.45	0.45	0.45	0.45	0.45	0.50	0.50	0.50	0.50
	3	0.55	0.50	0.50	0.50	0.50	0.50	0.50	0.50	0.50	0.50	0.50	0.50	0.50	0.50
	2	0.80	0.65	0.60	0.55	0.55	0.55	0.50	0.50	0.50	0.50	0.50	0.50	0.50	0.50
	1	1.30	1.00	0.90	0.80	0.75	0.70	0.70	0.70	0.65	0.65	0.60	0.55	0.55	0.55

续表

m	n \ $\bar{i}$	0.1	0.2	0.3	0.4	0.5	0.6	0.7	0.8	0.9	1.0	2.0	3.0	4.0	5.0
1	1	0.80	0.75	0.70	0.65	0.65	0.60	0.60	0.60	0.60	0.55	0.55	0.55	0.55	0.55
8	8	−0.20	0.05	0.15	0.20	0.25	0.30	0.30	0.35	0.35	0.35	0.45	0.45	0.45	0.45
	7	0.00	0.20	0.30	0.35	0.35	0.40	0.40	0.40	0.40	0.45	0.50	0.50	0.50	0.50
	6	0.15	0.30	0.35	0.40	0.40	0.45	0.45	0.45	0.45	0.45	0.50	0.50	0.50	0.50
	5	0.30	0.35	0.40	0.45	0.45	0.45	0.45	0.45	0.45	0.45	0.50	0.50	0.50	0.50
	4	0.40	0.45	0.45	0.45	0.45	0.45	0.45	0.50	0.50	0.50	0.50	0.50	0.50	0.50
	3	0.60	0.50	0.50	0.50	0.50	0.50	0.50	0.50	0.50	0.50	0.50	0.50	0.50	0.50
	2	0.85	0.65	0.60	0.55	0.55	0.55	0.50	0.50	0.50	0.50	0.50	0.50	0.50	0.50
	1	1.30	1.00	0.90	0.80	0.75	0.70	0.70	0.70	0.65	0.65	0.60	0.55	0.55	0.55
9	9	−0.25	0.00	0.15	0.20	0.25	0.30	0.30	0.35	0.35	0.40	0.45	0.45	0.45	0.45
	8	−0.00	0.20	0.30	0.35	0.35	0.40	0.40	0.40	0.40	0.45	0.45	0.50	0.50	0.50
	7	0.15	0.30	0.35	0.40	0.40	0.45	0.45	0.45	0.45	0.45	0.50	0.50	0.50	0.50
	6	0.25	0.35	0.40	0.40	0.45	0.45	0.45	0.45	0.45	0.50	0.50	0.50	0.50	0.50
	5	0.35	0.40	0.45	0.45	0.45	0.45	0.45	0.45	0.50	0.50	0.50	0.50	0.50	0.50
	4	0.45	0.45	0.45	0.45	0.45	0.50	0.50	0.50	0.50	0.50	0.50	0.50	0.50	0.50
	3	0.60	0.50	0.50	0.50	0.50	0.50	0.50	0.50	0.50	0.50	0.50	0.50	0.50	0.50
	2	0.85	0.65	0.60	0.55	0.55	0.55	0.55	0.50	0.50	0.50	0.50	0.50	0.50	0.50
	1	1.35	1.00	0.90	0.80	0.75	0.75	0.70	0.70	0.65	0.65	0.60	0.55	0.55	0.55
10	10	−0.25	0.00	0.15	0.20	0.25	0.30	0.30	0.35	0.35	0.40	0.45	0.45	0.45	0.45
	9	−0.05	0.20	0.30	0.35	0.35	0.40	0.40	0.40	0.40	0.45	0.45	0.50	0.50	0.50
	8	−0.10	0.30	0.35	0.40	0.40	0.40	0.45	0.45	0.45	0.45	0.50	0.50	0.50	0.50
	7	0.20	0.35	0.40	0.40	0.45	0.45	0.45	0.45	0.45	0.50	0.50	0.50	0.50	0.50
	6	0.30	0.40	0.40	0.45	0.45	0.45	0.45	0.45	0.45	0.50	0.50	0.50	0.50	0.50
	5	0.40	0.45	0.45	0.45	0.45	0.45	0.45	0.50	0.50	0.50	0.50	0.50	0.50	0.50
	4	0.50	0.45	0.45	0.45	0.50	0.50	0.50	0.50	0.50	0.50	0.50	0.50	0.50	0.50
	3	0.60	0.55	0.50	0.50	0.50	0.50	0.50	0.50	0.50	0.50	0.50	0.50	0.50	0.50
	2	0.85	0.65	0.55	0.55	0.55	0.55	0.55	0.50	0.50	0.50	0.50	0.50	0.50	0.50
	1	1.35	1.00	0.80	0.80	0.75	0.75	0.70	0.70	0.65	0.65	0.60	0.55	0.55	0.55

续表

m	n	$\bar{i}$ 0.1	0.2	0.3	0.4	0.5	0.6	0.7	0.8	0.9	1.0	2.0	3.0	4.0	5.0
1	1	0.80	0.75	0.70	0.65	0.65	0.60	0.60	0.60	0.60	0.55	0.55	0.55	0.55	0.55
11	11	−0.25	0.00	0.15	0.20	0.25	0.30	0.30	0.30	0.35	0.35	0.45	0.45	0.45	0.45
	10	0.05	0.20	0.25	0.30	0.35	0.40	0.40	0.40	0.40	0.45	0.45	0.50	0.50	0.50
	9	0.10	0.30	0.35	0.40	0.40	0.40	0.45	0.45	0.45	0.45	0.50	0.50	0.50	0.50
	8	0.20	0.35	0.40	0.40	0.45	0.45	0.45	0.45	0.45	0.45	0.50	0.50	0.50	0.50
	7	0.25	0.40	0.40	0.45	0.45	0.45	0.45	0.45	0.45	0.50	0.50	0.50	0.50	0.50
	6	0.3	0.40	0.45	0.45	0.45	0.45	0.45	0.50	0.50	0.50	0.50	0.50	0.50	0.50
	5	0.40	0.44	0.45	0.45	0.45	0.50	0.50	0.50	0.50	0.50	0.50	0.50	0.50	0.50
	4	0.50	0.50	0.50	0.50	0.50	0.50	0.50	0.50	0.50	0.50	0.50	0.50	0.50	0.50
	3	0.65	0.55	0.50	0.50	0.50	0.50	0.50	0.50	0.50	0.50	0.50	0.50	0.50	0.50
	2	0.85	0.65	0.60	0.55	0.55	0.5 5	0.55	0.50	0.50	0.50	0.50	0.50	0.50	0.50
	1	1.35	1.50	0.90	0.80	0.80	0.75	0.70	0.70	0.65	0.65	0.60	0.55	0.55	0.55
12层以上	自上 1	−0.30	0.00	0.1 5	0.20	0.25	0.30	0.30	0.30	0.35	0.35	0.40	0.45	0.45	0.45
	自上 2	−0.10	0.20	0.25	0.30	0.35	0.40	0.40	0.40	0.40	0.40	0.45	0.45	0.45	0.50
	自上 3	0.05	0.25	0.35	0.40	0.40	0.40	0.45	0.45	0.45	0.45	0.45	0.50	0.50	0.50
	4	0.1 5	0.30	0.40	0.40	0.45	0.45	0.45	0.45	0.45	0.45	0.45	0.50	0.50	0.50
	5	0.2	0.35	0.40	0.45	0.45	0.45	0.45	0.45	0.45	0.45	0.50	0.50	0.50	0.50
	6	0.30	0.40	0.40	0.45	0.45	0.45	0.45	0.45	0.45	0.50	0.50	0.50	0.50	0.50
	7	0.35	0.40	0.40	0.45	0.45	0.45	0.50	0.50	0.50	0.50	0.50	0.50	0.50	0.50
	8	0.35	0.45	0.45	0.45	0.50	0.50	0.50	0.50	0.50	0.50	0.50	0.50	0.50	0.50
	中间	0.45	0.45	0.45	0.45	0.50	0.50	0.50	0.50	0.50	0.50	0.50	0.50	0.50	0.50
	4	0.55	0.45	0.50	0.50	0.50	0.50	0.50	0.50	0.50	0.50	0.50	0.50	0.50	0.50
	自下 3	0.65	0.55	0.50	0.50	0.50	0.50	0.50	0.50	0.50	0.50	0.50	0.50	0.50	0.50
	自下 2	0.70	0.70	0.60	0.55	0.55	0.55	0.55	0.50	0.50	0.50	0.50	0.50	0.50	0.55
	1	1.35	1.05	0.90	0.80	0.75	0.70	0.70	0.70	0.70	0.65	0.60	0.55	0.55	0.50

注：m 为总层数；n 为所在楼层的位置；$\bar{i}$ 为平均线刚度比。

表 2-8　上下层横梁线刚度比对 y_0 的修正值 y_1

$\overline{i}$ / α_1	0.1	0.2	0.3	0.4	0.5	0.6	0.7	0.8	0.9	1.0	2.0	3.0	4.0	5.0
0.4	0.55	0.40	0.30	0.25	0.20	0.20	0.20	0.15	0.15	0.15	0.05	0.05	0.05	0.05
0.5	0.45	0.30	0.20	0.20	0.15	0.15	0.15	0.10	0.10	0.10	0.05	0.05	0.05	0.05
0.6	0.30	0.20	0.15	0.15	0.10	0.10	0.10	0.10	0.05	0.05	0.05	0.05	0	0
0.7	0.20	0.15	0.10	0.10	0.10	0.10	0.05	0.05	0.05	0.05	0.05	0	0	0
0.8	0.15	0.10	0.05	0.05	0.05	0.05	0.05	0.05	0.05	0	0	0	0	0
0.9	0.05	0.05	0.05	0.05	0	0	0	0	0	0	0	0	0	0

表 2-9　上下层高度变化对 y_0 的修正值 y_2 和 y_3

α_2	$\overline{i}$ / α_3	0.1	0.2	0.3	0.4	0.5	0.6	0.7	0.8	0.9	1.0	2.0	3.0	4.0	5.0
2.0		0.25	0.15	0.15	0.10	0.10	0.10	0.10	0.10	0.05	0.05	0.05	0.05	0.0	0.0
1.8		0.20	0.15	0.10	0.10	0.10	0.05	0.05	0.05	0.05	0.05	0.05	0.0	0.0	0.0
1.6	0.4	0.15	0.10	0.10	0.05	0.05	0.05	0.05	0.05	0.05	0.05	0.0	0.0	0.0	0.0
1.4	0.6	0.10	0.05	0.05	0.05	0.05	0.05	0.05	0.05	0.0	0.0	0.0	0.0	0.0	0.0
1.2	0.8	0.05	0.05	0.05	0.0	0.0	0.0	0.0	0.0	0.0	0.0	0.0	0.0	0.0	0.0
1.0	1.0	0.0	0.0	0.0	0.0	0.0	0.0	0.0	0.0	0.0	0.0	0.0	0.0	0.0	0.0
0.8	1.2	-0.05	-0.05	-0.05	0.0	0.0	0.0	0.0	0.0	0.0	0.0	0.0	0.0	0.0	0.0
0.6	1.4	-0.10	-0.05	-0.05	-0.05	-0.05	-0.05	-0.05	-0.05	-0.05	0.0	0.0	0.0	0.0	0.0
0.4	1.6	-0.15	-0.10	-0.10	-0.05	-0.05	-0.05	-0.05	-0.05	-0.05	-0.05	0.0	0.0	0.0	0.0
	1.8	-0.20	-0.15	-0.10	-0.10	-0.10	-0.05	-0.05	-0.05	-0.05	-0.05	0.0	0.0	0.0	0.0
	2.0	-0.25	-0.15	-0.15	-0.10	-0.10	-0.10	-0.10	-0.10	-0.10	-0.05	-0.05	0.0	0.0	0.0

2. 竖向荷载作用下框架内力计算

框架结构在竖向荷载作用下的内力分析,除可采用精确计算法(如矩阵位移法)以外,还可以采用分层法、弯矩二次分配法等近似计算法。以下介绍弯矩二次分配法。

(1)弯矩二次分配法

这种方法的特点是先求出框架梁的梁端弯矩,再对各结点的不平衡弯矩同时作分配和传递,并且以两次分配为限,故称弯矩二次分配法。这种方法虽然是近似方法,但其结果与精确法相比,相差甚小,其精度可满足工程需要。其原理和计算方法可参阅相关文献,这里不再详述。

(2)梁端弯矩的调幅

在竖向荷载作用下梁端的负弯矩较大,导致梁端的配筋量较大;同时柱的纵向钢筋以及另一个方向的梁端钢筋也通过节点,因此节点的施工较困难。即使钢筋能排下,也会因钢筋过于密集使浇筑混凝土困难,不容易保证施工质量。考虑到钢筋混凝土框架属超静定结构,具有塑性内力重分布的性质,因此可以通过在重力荷载作用下,梁端弯矩乘以调整系数 p 的办法适当降低梁端弯矩的幅值。根据工程经验,考虑到钢筋混凝土构件的塑性变形能力有限的特点,调幅系数 β 的取值为:

对现浇框架:$\beta=0.8\sim0.9$;对装配式框架:$\beta=0.7\sim0.8$。

梁端弯矩降低后,由平衡条件可知,梁跨中弯矩相应增加。按调幅后的梁端弯矩的平均值与跨中弯矩之和不应小于按简支梁计算的跨中弯矩值,即可求得跨中弯矩。如图 2-25 所示,跨中弯矩为

$$M_4 = M_3 + [0.5(M_1+M_2) - 0.5(\beta M_1 + \beta M_2)] \quad (2\text{-}17)$$

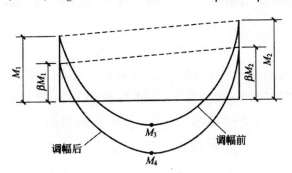

图 2-25　框架梁在竖向荷载作用下的调幅

梁端弯矩调幅后,不仅可以减小梁端配筋数量,方便施工,而且还可以使框架在破坏时梁端先出现塑性铰,保证柱的相对安全,以满足"强柱弱梁"的设计原则。这里应注意,梁端弯矩的调幅只是针对竖向荷载作用下产生的弯矩进行的,而对水平荷载作用下产生的弯矩不进行调幅。因此,不应采用先组合后调幅的做法。

2.3.4 梁柱界面内力组合和截面设计

1.框架结构的内力调整及其内力不利组合

由于考虑活荷载最不利布置的内力计算量太大，故一般不考虑活荷载的最不利布置，而采用"满布荷载法"进行内力分析。这样求得的结果与按考虑活荷载最不利位置所求得的结果相比，在支座处极为接近，在梁跨中则明显偏低。因此，应对梁在竖向活荷载作用下按不考虑活荷载的最不利布置所计算出的跨中弯矩进行调整，通常乘以 $1.1\sim1.2$ 的系数。

结构设计时，应根据可能出现的。最不利情况确定构件内力设计值，进行截面设计。多、高层钢筋混凝土框架结构抗震设计时，一般应考虑以下两种基本组合。

(1)地震作用效应与重力荷载代表值效应的组合

对于一般的框架结构，可不考虑风荷载的组合。当只考虑水平地震作用和重力荷载代表值参与组合的情况时，其内力组合设计值 S 为

$$S=\gamma_G S_{GE}+\lambda_{Eh} S_{Ehk} \tag{2-18}$$

(2)竖向荷载效应(包括全部恒荷载与活荷载的组合)

无地震作用时，结构受到全部恒荷载和活荷载的作用，其值一般要比重力荷载代表值大。且计算承载力时不引入承载力抗震调整系数，因此，非抗震情况下所需的构件承载力有可能大于水平地震作用下所需要的构件承载力，竖向荷载作用下的内力组合，就可能对某些截面设计起控制作用。此时，其内力组合设计值 S 为

$$S=1.2S_{Gk}+1.4S_{Qk} \tag{2-19}$$

$$S=1.35S_{Gk}+0.7\times1.4S_{Qk} \tag{2-20}$$

式中，S_{Gk}，S_{Qk} 分别为恒荷载和活荷载的荷载效应值。

下面给出不考虑风荷载参与组合时，框架梁、柱的内力组合

及控制截面内力。

1）框架梁

框架梁通常选取梁端支座内边缘处的截面和跨中截面作为控制截面。

梁端负弯矩，应考虑以下三种组合，并选取不利组合值，取以下公式绝对值较大者：

$$M=1.3M_{Ek}+1.02M_{GE}$$

$$M=1.2M_{GE}+1.4M_{Qk}$$

$$M=1.35M_{GE}+0.98M_{Qk}$$

梁端正弯矩按下式确定：

$$M=1.3M_{Ek}-1.0M_{GE}$$

梁端剪力，取下式较大者：

$$V=1.3V_{Ek}+1.2V_{GE}$$

$$V=1.2V_{Gk}+1.4V_{Qk}$$

$$V=1.35V_{Gk}+0.98V_{Qk}$$

跨中正弯矩，取下式较大者：

$$M=1.3M_{Ek}+1.02M_{GE}$$

$$M=1.2M_{GE}+1.4M_{Qk}$$

$$M=1.35M_{GE}+0.98M_{Qk}$$

式中，M_{Ek}，V_{Ek}分别表示由地震作用在梁内产生的弯矩标准值和剪力标准值；M_{GE}，V_{GE}分别表示由重力荷载代表值在梁内产生的弯矩标准值和剪力标准值；M_{Gk}，V_{Gk}分别表示由竖向恒荷载在梁内产生的弯矩标准值、剪力标准值；M_{Qk}，V_{Qk}分别表示由竖向活荷载在梁内产生的弯矩标准值、剪力标准值。

2）框架柱

框架柱通常选取上梁下边缘处和下梁上边缘处的柱截面作为控制截面。由于框架柱一般是偏心受力构件，而且通常为对称配筋，故其同一截面的控制弯矩和轴力应同时考虑以下四组，分别配筋后选用最多者作为最终配筋方案。

有地震作用时的组合：

$$M = 1.2M_{GE} \pm 1.3M_{Ek}$$

$$N = 1.2N_{GE} \pm 1.3N_{Ek}$$

当无地震作用时以可变荷载为主的组合：

$$M = 1.2M_{GE} + 1.4M_{Qk}$$

$$N = 1.2N_{Gk} + 1.4N_{Qk}$$

当无地震作用时以永久荷载为主的组合：

$$M = 1.35M_{GE} + 0.98M_{Qk}$$

$$N = 1.35N_{Gk} + 0.98N_{Qk}$$

式中，N_{Gk} 是由竖向恒载在柱内产生的轴力标准值；N_{Qk} 是由竖向活载在柱内产生的轴力标准值。其他各符号意义同前。

2. 框架梁的截面设计

钢筋混凝土结构按前述规定调整地震作用效应后，在地震作用下不利组合下，可按本规范和《混凝土结构设计规范》有关的要求进行构件截面抗震验算。

（1）框架梁

1）框架梁的正截面受弯承载力验算

矩形截面或翼缘位于受拉边的 T 形截面梁，其正截面受弯承载力应按下列公式验算（图 2-26）：

$$M_b \leqslant \frac{1}{\gamma_{RE}} \left[\alpha_1 f_c bx \left(h_0 - \frac{x}{2} \right) + f'_y A'_s (h_0 - a'_s) \right] \quad (2\text{-}21)$$

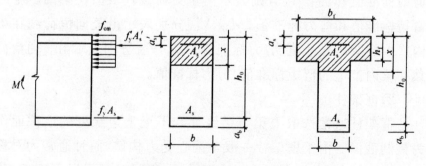

图 2-26 梁截面的有关参数

此时，受压区高度 x 由下式确定：

$$x = (f_y A_s - f'_y A'_s) / \alpha_1 f_c b \quad (2\text{-}22)$$

式中，α_1 为受压区混凝土矩形应力图的应力值与混凝土轴心抗压强度设计值的比值；当混凝土强度等级不超过 C50 时，α_1 取为 1.0，当混凝土强度等级为 C80 时，α_1 取为 0.94，其他按线性内插法确定。

混凝土受压区高度应符合下列要求：

一级　　　　　　　　$x \leqslant 0.25 h_0$

二、三级　　　　　　$x \leqslant 0.35 h_0$

同时　　　　　　　　$x \geqslant 2a'$

翼缘位于受压区的 T 形截面梁，当符合下式条件时，按宽度为 b'_f 的矩形截面计算。

$$f_y A_s \leqslant \alpha_1 f_c b'_f h'_f + f'_y A'_s \tag{2-23}$$

不符合公式（2-23）条件时，其正截面受弯承载力应按下列公式验算：

$$M_b \leqslant \frac{1}{\gamma_{RE}}\left[\alpha_1 f_c bx\left(b_0 - \frac{x}{2}\right) + \alpha_1 f_c (b'_f - b)\left(b_0 - \frac{h'_f}{2}\right)h'_f + f'_y A'_s(b_0 - a'_s)\right] \tag{2-24}$$

此时，受压区高度 x 由下式确定：

$$\alpha_1 f_c [bx + (b'_f - b)h'_f] = f_y A_s - f'_y A'_s \tag{2-25}$$

式中，γ_{RE} 为承载力抗震调整系数，取为 0.75。

梁的实际正截面承载力可按下式确定：

$$M^a_{by} = f_{yk} A^a_s (h_0 - a'_s) \tag{2-26}$$

2）框架梁的斜截面受剪承载力验算

$$V_b \leqslant \frac{1}{\gamma_{RE}}\left(0.42 f_t bh_0 + 1.2 f_{yv}\frac{A_{sy}}{S}h_0\right) \tag{2-27}$$

且

$$V_b \leqslant \frac{1}{\gamma_{RE}}(0.2\beta_c f_c bh_0) \tag{2-28}$$

式中，β_c 为混凝土强度影响系数，当混凝土强度等级不超过 C50 时，β_c 取为 1.0，当混凝土强度等级为 C80 时，β_c 取为 0.8，其间按线性内插法确定。

对集中荷载作用下的框架梁（包括有多种荷载，且集中荷载对节点边缘产生的剪力值占总剪力值的 75％ 以上的情况），其斜截面受剪承载力应按下式验算：

$$V_b \leqslant \frac{1}{\gamma_{RE}} \left(\frac{1.05}{\lambda+1} f_t b h_0 + f_{yv} \frac{A_{sv}}{S} h_0 \right) \tag{2-29}$$

式中，γ_{RE} 取为 0.85。λ 梁的剪跨比，当 $\lambda>3$ 时，取 $\lambda=3$；当 $\lambda<1.5$ 时，取 $\lambda=1.5$。

（2）框架柱

1）正截面受弯承载力验算

矩形截面柱正截面受弯承载力应按下列公式验算（图 2-27）：

$$\eta M_c \leqslant \frac{1}{\gamma_{RE}} \left[\alpha_1 f_c b x \left(h_0 - \frac{x}{2} \right) + f_y A'_s (h_0 - a'_s) \right] - 0.5 N(h_0 - a_s) \tag{2-30}$$

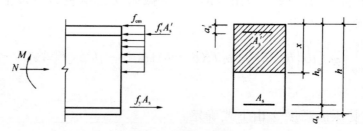

图 2-27　柱截面参数

此时，受压高度 x 由下式确定：

$$N = (\alpha_1 f_c b x + f'_y A'_s - \sigma_s A_s)/\gamma_{RE} \tag{2-31}$$

式中，γ_{RE} 一般为 0.8，轴压比小于 0.15 时，取为 0.75；η 偏心距增大系数，一般不考虑；σ_s 受拉边或受压较小边钢筋的应力：

当 $\xi=x/h_0 \leqslant \xi_b$ 时（大偏心受压），取 $\sigma_s = f_y$。

当 $\xi>\xi_b$ 时（小偏心受压）

$$\sigma_s = \frac{f_y}{\xi_b - 0.8} \left(\frac{x}{h_0} - 0.8 \right) \tag{2-32}$$

当 $\xi>h/h_0$ 时，取 $x=h$，σ_s 仍用计算的 ξ 值按公式（2-32）计算。

其中，对于有屈服点钢筋（热轧钢筋、冷拉钢筋）

$$\xi_b = \frac{\beta_c}{1 + \frac{f_y}{0.0033 E_s}} \tag{2-33}$$

柱的实际正截面承载力可按下式确定：

$$M_{cy}^{a} = f_{yk}A_{s}^{a}(h_0 - a'_s) + 0.5N_G h\left(1 - \frac{N_G}{\alpha_1 f_{ck}bh}\right) \quad (2\text{-}34)$$

2）斜截面受剪承载力验算

$$V_c \leqslant \frac{1}{\gamma_{RE}}\left(\frac{1.05}{\lambda+1}f_t bh_0 + f_{yv}\frac{A_{sv}h_0}{s} + 0.056N\right) \quad (2\text{-}35)$$

且

$$V_c \leqslant \frac{1}{\gamma_{RE}}(0.2f_c bh_0) \quad (2\text{-}36)$$

式中，N 为考虑地震作用组合的柱轴压力设计值，当 $N > 0.3f_c bh$；取 $N = 0.3f_c bh$；λ 表示框架柱的计算剪跨比，$\lambda = M^c/(V^c h_0)$，应按柱端截面组合的弯矩计算值 M^c、对应的截面组合剪力计算值 V^c 及截面有效高度 h_0 确定，并取上下端计算结果的较大者；反弯点位于柱高中部的框架柱可按柱净高于 2 倍柱截面高度之比计算；当 $\lambda < 1$；取 $\lambda = 1$；当 $\lambda > 3$ 时，取 $\lambda = 3$；γ_{RE} 取为 0.85。

（3）框架节点

1）一般框架梁柱节点

节点核芯区组合的剪力设计值，应符合下列要求：

$$V_j \leqslant \frac{1}{\gamma_{RE}}(0.30\eta_j f_c b_j h_j) \quad (2\text{-}37)$$

式中，η_j 表示正交梁的约束影响系数；h_j 表示节点核芯区的截面高度，可采用验算方向的柱截面高度；γ_{RE} 表示承载力抗震调整系数，取用 0.85。

若为一、二、三级框架，节点核芯区截面应按下列公式进行抗震验算（图 2-28）：

$$V_j \leqslant \frac{1}{\gamma_{RE}}\left(0.1\eta_j f_t b_j h_j + f_{yv}A_{svj}\frac{h_{b0} - a'_s}{s} + 0.05\eta_j N\frac{b_j}{b_c}\right)$$

$$(2\text{-}38)$$

且

$$V_j \leqslant \frac{1}{\gamma_{RE}}(0.3\eta_j f_c b_j h_j) \quad (2\text{-}39)$$

9 度时一级

$$V_j \leqslant \frac{1}{\gamma_{RE}}\left(0.9\eta_j f_t b_j h_j + f_{yv}A_{svj}\frac{h_{b0}-a'_s}{S}\right) \qquad (2\text{-}40)$$

式中，b_j 表示节点核芯区的截面验算宽度，随验算方向梁、柱截面宽度比值变动：当 $b_b \geqslant 0.5b_c$ 时，取 $b_j = b_c$；当 $b_b < 0.5b_c$ 时，取 $b_j = b_b + 0.5h_c$ 和 $b_j = b_c$ 较小值；当梁、柱中线不重合且偏心距不大于柱宽的 1/4 时，柱配筋宜沿柱全高加密；N 表示对应于重力荷载代表值的上柱轴向压力，其值不应大于 $0.5f_c b_c h_c$，当 N 为拉力时，取 $N = 0$；A_{svj} 核芯区验算宽度 b_j 范围内同一截面验算方向各肢箍筋的总截面面积；s 为箍筋间距；h_j 为节点核芯区的截面高度，可采用验算方向的柱截面高度。

$$b_j = 0.5(b_b + b_c) + 0.25h_c - e \qquad (2\text{-}41)$$

式中，e 表示梁与柱中线偏心距。

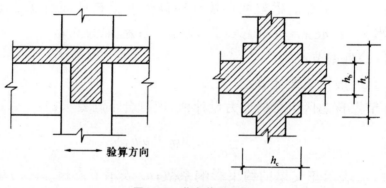

图 2-28 节点截面参数

2）圆柱框架的梁柱节点

梁中线与柱中线重合时，圆柱框架梁柱节点核芯区组合的剪力设计值应符合下式的要求：

$$V_j \leqslant \frac{1}{\gamma_{RE}}(0.30\eta_j f_c A_j) \qquad (2\text{-}42)$$

式中，η_j 为正交梁的约束影响系数，其中柱截面宽度按柱直径采用；A_j 为节点核芯区有效截面面积，梁宽 b_b 不小于柱直径 D 的一半时，取 $A_j = 0.8D^2$；梁宽 $6b$ 小于柱直径 D 的一半但不小于 $0.4D$ 时，取 $A_j = 0.8D(b_b + D/2)$。

当梁中线与柱中线重合时，圆柱框架梁柱节点核芯区截面抗震受剪承载力应采用下列公式验算：

$$V_j \leqslant \frac{1}{\gamma_{RE}} \left[\begin{array}{l} 1.5\eta_j f_t A_j + 0.05\eta_j \dfrac{N}{D^2} A_j + 1.57 f_{yv} A_{sh} \dfrac{h_{b0}-a'_s}{s} \\ + f_{yv} A_{svj} \dfrac{h_{b0}-a'_s}{s} \end{array} \right]$$

9 度时：

$$V_j \leqslant \frac{1}{\gamma_{RE}} \left(1.2\eta_j f_t A_j + 1.57 f_{yv} A_{sh} \frac{h_{b0}-a'_s}{s} + f_{yv} A_{svj} \frac{h_{b0}-a'_s}{s} \right)$$

$$(2\text{-}43)$$

式中，A_{sh} 为单根圆形箍筋的截面面积；A_{svj} 为同一截面验算方向的拉筋和非圆形箍筋的总截面面积。

2.4　钢筋混凝土抗震墙结构抗震设计

2.4.1　抗震墙的破坏形态

1. 单肢抗震墙的破坏形态

单肢墙，也包括小开洞墙，不包括联肢墙，但弱连梁连系的联肢墙墙肢可视作若干个单肢墙。所谓弱连梁联肢墙是指在地震作用下各层墙段截面总弯矩不小于该层及以上连梁总约束弯矩 5 倍的联肢墙。悬臂抗震墙随着墙高 H_w 与墙宽 l_w 比值的不同，大致有以下几种破坏形态。

（1）弯曲破坏

弯曲破坏［图 2-29（a）］多发生在 $H_w/l_w > 2$ 时，墙的破坏发生在下部的一个范围内［图 2-29（a）的②］，虽然该区段内也有斜裂缝，但它是绕 A 点斜截面受弯，其弯矩与根部正截面①的弯矩相等，若不计水平腹筋的影响，该区段内竖筋（受弯纵筋）的拉力也几乎相等。这是一种理想的塑性破坏，塑性区长度也比较大，要力争实现。为防止在该区段内过早地发生剪切破坏,其受剪配筋及构造应加强,所以该区又称抗剪加强部位。加强部位高度 h_s,取 $H_w/8$ 或 l_w 两者中的较大值。有框支层时,尚应不小于到框支层上一层的高度。

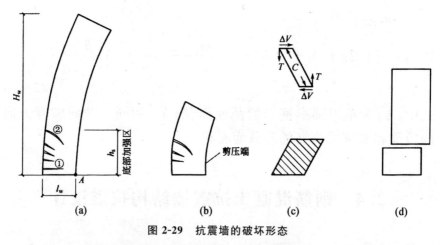

图 2-29　抗震墙的破坏形态

(a)弯曲破坏;(b)剪压型受剪破坏;(c)斜压型受剪破坏;(d)滑移破坏

(2)剪压型剪切破坏

剪压型剪切破坏[图 2-29(b)]发生在 H_w/l_w 为 1~2 时,斜截面上的腹筋及受弯纵筋也都屈服,最后以剪压区混凝土破坏而达到极限状态。为避免发生这种破坏,构造上应加强措施,如墙的水平截面两端设端柱等,以增强混凝土的剪压区。在截面设计上要求剪压区不宜太大。

(3)斜压型剪切破坏

斜压型剪切破坏[图 2-29(c)]发生在 $H_w/l_w<1$ 时,往往发生在框支层的落地抗震墙上。这种形态的斜裂缝将抗震墙划分成若干个平行的斜压杆,延性较差,在墙板周边应设置梁(或暗梁)和端柱组成的边框加强。此外,试验表明,如能严格控制截面的剪压比,则可以使斜裂缝较为分散而细,可以吸收较大地震能量而不致发生突然的脆性破坏。在矮的抗震墙中,竖向腹筋虽不能像水平腹筋那样直接承受剪力,但也很重要,它的拉力 T 将用来平衡 ΔV 引起的弯矩,或是与斜压力 C 合成后与 ΔV 平衡[图

2-29(c)]。

(4)滑移破坏

滑移破坏[图 2-29(d)]多发生在新旧混凝土施工缝的地方。在施工缝处应增设插筋并进行验算。

2. 双肢墙的破坏形态

抗震墙经过门窗洞口分割之后,形成了联肢墙。洞口上下之间的部位称为连梁,洞口左右之间的部位称为墙肢,两个墙肢的联肢墙称为双肢墙。墙肢是联肢墙的要害部位,双肢墙在水平地震力作用下,一肢处于压、弯、剪,而另一肢处于拉、弯、剪的复杂受力状态,墙肢的高宽比也不会太大,容易形成受剪破坏,延性要差一些。双肢墙的破坏和框架柱一样,可以分为"弱梁型"及"弱肢型"。弱肢型破坏是墙肢先于连梁破坏,因为墙肢以受剪破坏为主,延性差,连梁也不能充分发挥作用,是不理想的破坏形态。弱梁型破坏是连梁先于墙肢屈服,因为连梁仅是受弯受剪,容易保证形成塑性铰转动而吸收地震变形能从而也减轻了端肢的负担。所以联肢墙的设计应把连梁放在抗震第一道防线,在连梁屈服之前,不允许墙肢破坏。而连梁本身还要保证能做到受剪承载力高于弯曲承载力,概括起来就是"强肢弱梁"和"强剪弱弯"。

国内双肢墙的抗震试验还表明,当墙的一肢出现拉力时,拉肢刚度降低,内力将转移集中到另一墙肢(压肢),这也应引起注意。

2.4.2　抗震墙的内力设计值

有些部位或部件的抗震墙的内力设计值是按内力组合结果取值的,但是也有一些部位或部件为了实现"强肢弱梁""强剪弱弯"的目标,或为了把塑性铰限制发生在某个指定的部位,它们的内力设计值有专门的规定。

1. 弯矩设计值

一级抗震等级的单肢墙,其正截面弯矩设计值,不完全依照静力法求得的设计弯矩图,而是按照图 2-30 的简图。

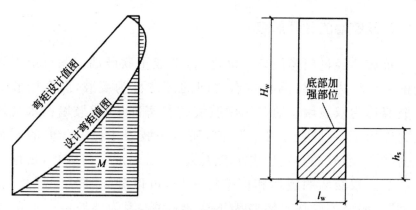

图 2-30　单肢墙的弯矩设计值图

这样的弯矩设计值图有三个特点:

①该弯矩设计图基本上接近弹塑性动力法的设计弯矩包络图。

②在底部加强部位,弯矩设计值为定值,考虑了该部位内出现斜截面受弯的可能性。

③在底部加强部位以上的一般部位,弯矩设计值与设计弯矩图相比,有较多的余量,因而大震时塑性铰将必然要发生在 h_s 范围内,这样可以吸收大量的地震能量,缓和地震作用。如果按设计弯矩图配筋,弯曲屈服就可能沿墙任何高度发生。

2. 剪力设计值

为保证大地震时塑性铰发生在 h_s 范围内,应满足"强剪弱弯"的条件,使墙体弯曲破坏先于剪切破坏发生。为此,一、二、三级抗震墙底部加强部位,其截面组合的剪力设计值 V 应按下式调整:

$$V = \eta_{vw} V_w$$

9 度时应符合:

$$V = 1.1(M_{wua}/M_w)V_w \tag{2-44}$$

式中,V、V_w 分别表示抗震墙底部加强部位截面组合的剪力设计值和计算值；M_{wua} 为抗震受弯承载力所对应的弯矩值；M_w 为抗震墙底部截面组合的弯矩设计值；η_{vw} 为抗震墙剪力增大系数，一级为 1.6，二级为 1.4，三级为 1.2。

3. 抗震墙在偏心竖向荷载作用下的计算

偏心竖向荷载可能随梁的集中荷载或随墙的截面而变化。

假定竖向荷载沿高度均匀分布，对双肢墙，计算方法如下（图 2-31、图 2-32）。

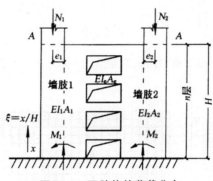

图 2-31　双肢体的荷载分布

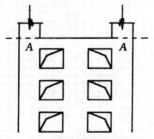

图 2-32　双肢墙的轴向荷载

连梁剪力：

$$V_i = K_0 \eta_1 \tag{2-45}$$

连梁弯矩：

$$M_i = \frac{K_0 \eta_1 l}{2} \tag{2-46}$$

式中，η_1 由图 2-33 查出；K_0 计算式为

$$K_0 = \frac{S}{I} \left[P_2 \left(-e_2 + \frac{I_1 + I_2}{a A_2} \right) - P_1 \left(e_1 + \frac{I_1 + I_2}{a A_2} \right) \right] \tag{2-47}$$

式中，P_1，P_2 为各层平均竖向荷载，$P_1=N_1/n$，$P_2=N_2/n$；
$$I=I_1+I_2+Sa$$
$$S=\frac{aA_1A_2}{A_1+A_2}$$

墙肢弯矩：

$$M_j=\frac{I_j}{I_1+I_2}\frac{H}{h}\big[(1-S)(P_1e_1+P_2e_2)-K_0a\eta_2\big]\,(j=1,2)$$

$$(2-48)$$

墙肢轴力：

$$M_j=\frac{H}{h}\big[-P_j(1-S)\pm K_0\eta_2\big]\quad(j=1,2)\qquad(2-49)$$

式中，η_2 值由图 2-34 查出；j 为墙肢序号。

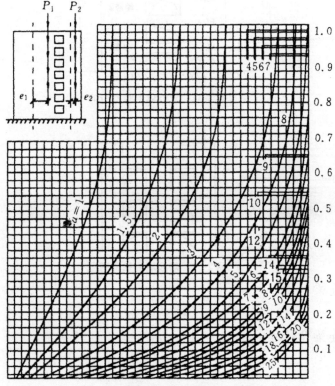

图 2-33 计算连梁剪力及弯矩的系数 η_1

（墙肢承受竖向偏心荷载）

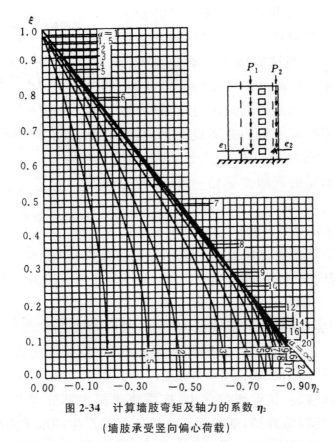

图 2-34　计算墙肢弯矩及轴力的系数 η_2

（墙肢承受竖向偏心荷载）

　　当为多肢墙时，端部可取相邻两墙肢按双肢墙计算，中间各墙肢可近似取左右两次计算结果的平均值。

2.5　钢筋混凝土框架-抗震墙结构抗震设计

2.5.1　框架-抗震墙结构的受力特点

　　对于纯框架结构，由于柱轴向变形所引起倾覆状的变形影响是次要的，由 D 值法可知，框架结构的层间位移与层间总剪力成正比，自下而上，层间剪力越来越小，因此层间的相对位移，也是自下而上越来越小。这种形式的变形与悬臂梁的剪切变形相一致，故称为剪切型变形。当抗震墙单独承受侧向荷载时，则抗震墙在各层楼面处的弯矩，等于该楼面标高处的倾覆力矩，该力矩与抗震墙纵向变形的曲率成正比，其变形曲线将凸向原始位置。由于这种变形与悬臂梁的弯曲变形相一致，故称为弯曲型变形，如图 2-35 所示。

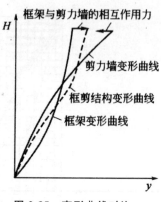

图 2-35　变形曲线对比

抗震墙是竖向悬臂弯曲结构，其变形曲线是悬臂梁型，越向上挠度增加越快[图 2-36(a)]。框架的工作特点是类似于竖向悬臂剪切梁，其变形曲线为剪切型，越向上挠度增加越慢[图 2-36(b)]。

但是，在框架-抗震墙结构复杂，各自不再能自由变形，而必须在同一楼层上保持位移相等，因此框架-抗震结构的变形曲线是一条反 S 形曲线[图 2-36(c)]。

下部楼层-抗震墙位移小，抗震墙承担大部分水平力。在上部楼层，抗震墙外倾，框架除了负担外荷载产生的水平力外，还要把抗震墙拉回来，承担附加的水平力，因此，即使外荷载产生的顶层剪力很小，框架承受的水平力也很大[图 2-36(d)]。

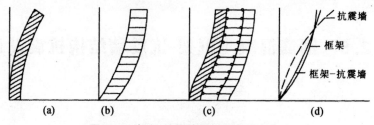

图 2-36　框架-抗震墙结构受力特点

(a)抗震墙；(b)框架；(c)框架-抗震墙；(d)位移曲线

由图 2-37 可见，在框架-抗震墙结构中沿竖向抗震墙与框架水平剪力之比 V_f/V_w 并非常数，它随着楼层标高而变。

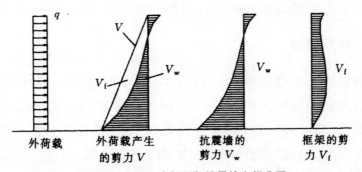

图 2-37　水平力在框架与抗震墙之间分配

因此,在框架-抗震墙结构中的框架受力情况是完全不同于纯框架中的框架受力情况(图 2-38)。在纯框架中,框架受的剪力是下面大,上面小,顶部为零;而在框架-抗震墙结构确框架剪力,却是下部为零,下面小,上面大。

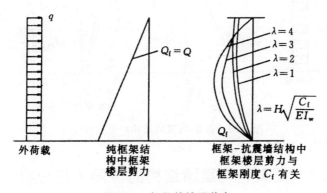

图 2-38　框架的楼层剪力

2.5.2　基本假设和计算简图

1. 基本假设

在竖向荷载作用下,框架-抗震墙结构在水平地震作用下的内力和侧移分析,这是一个非常复杂的空间问题。计算时一般采用如下三条假设:

①楼板在自身平面内的刚度为无穷大。

②结构的刚度中心与质量中心重合,忽略其扭转影响。

③不考虑抗震墙和框架柱的轴向变形以及基础转动的影响。

2. 计算简图

根据以上假设可推知,当结构受到水平地震作用时,框架和抗震墙在同一楼层处的水平位移相等。所有与地震方向平行的抗震墙合并在一起,组成"综合抗震墙",将所有这个方向的框架合并在一起,组成"综合框架"。如图 2-39(a)所示,这是以防震缝划分的一个结构单元平面,这是一个框架-抗震墙结构体系,它可以简化为图 2-39(b)、图 2-39(c)的计算简图。

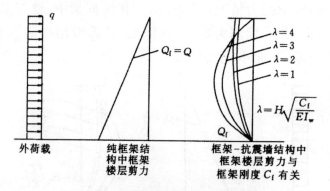

图 2-39　框架-抗震墙结构的简化模型

2.5.3　框架和抗震墙结构的协同工作分析

1. 刚接连系梁体系

对于如图 2-40(a)所示的有刚接连系梁的框架-抗震墙结构的计算图,若将结构在连系梁的反弯点处切开[图 2-40(b)],则连系梁中不但有框架和抗震墙之间相互作用水平力 p_i,而且有剪力 Q_i,它将产生约束弯矩 M_i[图 2-40(c)]。p_i,M_i 也可进一步化为沿高度分布的 $p(x)$,$M(x)$[图 2-40(d)]。因此,对于框架-抗震墙刚接连系梁体系,除了计算水平相互作用下的 $p(x)$外,还需要计算连系梁的梁端约束弯矩 M_i。

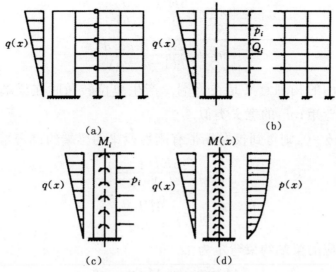

图 2-40　刚接连系梁体系

框架-抗震墙的刚接连系梁,进入抗震墙体部分的刚度可以视为无限大,因此,框架-抗震墙刚接体系的连系梁是在端部带有无限大刚度区段的梁(图 2-41)。

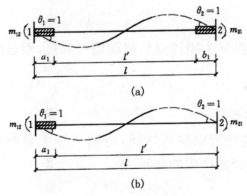

图 2-41　端部带有无限大刚域区段的梁

(a)双肢或多肢剪力墙的连系梁;(b)单肢剪力墙与框架的连系梁

根据结构力学,可以推得两端有刚性段梁的梁端约束弯矩系数:

$$\begin{cases} m_{12} = \dfrac{6EI(1+a)}{l(1-a-b)^3} \\ m_{21} = \dfrac{6EI(1+b-a)}{l(1-a-b)^3} \end{cases} \tag{2-50}$$

式中，m_{12} 的物理意义是在梁端 2 产生单位转角时在梁端 1 所需施加的弯矩；m_{21} 的意义类似。

令 $b=0$，则得到仅左端带有刚性段梁的梁端约束弯矩系数：

$$\begin{cases} m_{12} = \dfrac{6EI(1+a)}{l(1-a)^3} \\ m_{21} = \dfrac{6EI}{l(1-a)^3} \end{cases} \tag{2-51}$$

相应的梁端约束弯矩为

$$M_{12} = m_{12}\theta, M_{21} = m_{21}\theta$$

注意，在考虑结构协同工作时，假定同一楼层内所有结点的转角 θ 相等。将集中约束弯矩简化为沿结构层高均匀分布的线约束弯矩：

$$m'_{ij} = \frac{M_{ij}}{h} = \frac{m_{ij}}{h}\theta$$

如果同一楼层内 n 个刚接点与抗震墙相联接，则总线弯矩为

$$m = \sum_{k=1}^{n} (m'_{ij})_k = \sum_{k=1}^{n} \left(\frac{m_{ij}}{h}\theta\right)_k \tag{2-52}$$

式中，n 为连梁根数。

图 2-42 是抗震墙脱离体图，由刚接连系梁约束弯矩在抗震墙 x 高度的截面处产生的弯矩为

$$M_{\mathrm{m}} = -\int_x^H m\,\mathrm{d}x$$

相应的剪力和荷载为

$$\begin{cases} Q_{\mathrm{m}} = -\dfrac{\mathrm{d}M_{\mathrm{m}}}{\mathrm{d}x} = m = \sum_{k=1}^{n} \left(\dfrac{m_{ij}}{h}\right)_k \dfrac{\mathrm{d}y}{\mathrm{d}x} \\ p_{\mathrm{m}} = -\dfrac{\mathrm{d}Q_{\mathrm{m}}}{\mathrm{d}x} = -\sum_{k=1}^{n} \left(\dfrac{m_{ij}}{h}\right)_k \dfrac{\mathrm{d}^2 y}{\mathrm{d}x^2} \end{cases} \tag{2-53}$$

式中，Q_{m}、p_{m} 为"等代剪力""等代荷载"，分别代表刚性连系梁的

约束弯矩所承担的剪力和荷载。

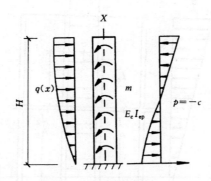

图 2-42　抗震墙脱离体

这样,抗震墙部分所受的外荷载为

$$q_w(x) = q(x) - p(x) - p_m(x) \qquad (2-54)$$

2. 双肢抗震墙的简化计算

由于双肢抗震墙应用较多,下面介绍双肢墙的一种简化计算。

在双肢抗震墙与框架协同工作分析时,可近似按顶点位移相等条件求出双肢抗震墙换算为无洞口墙的等代刚度,再与其他墙和框架一起协同计算(图 2-43)。

$$E_c I = \frac{1}{\psi}(E_c I_1 + E_c I_2)$$

$$\psi = 1 - \frac{1}{\mu} + \frac{120}{11}\frac{1}{\mu\sigma^2}\left[\frac{1}{3} - \frac{1 + \left(\frac{\alpha}{2} - \frac{1}{\alpha}\right)\mathrm{sh}\alpha}{\alpha^2\mathrm{ch}\alpha}\right]$$

式中,系数 ψ 可由图 2-44 查得,图中 α 为区别双肢墙整体性的无量纲特征值。

$$\alpha = H\sqrt{\frac{12\gamma l I_b}{c^3 h(I_1 + I_2)}\left[l + \frac{(A_1 + A_2)(I_1 + I_2)}{A_1 A_2 l}\right]}$$

$$\gamma = \frac{1}{1 + 2.8(d/c)^2}$$

式中,γ 为考虑连梁剪切变形对梁抗弯刚度影响的修正系数,当墙或梁的刚度以及各层的层高略有不同时,可用折算法取平均值。

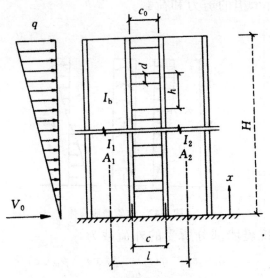

图 2-43　双肢墙的简化

注:A_1,A_2 为墙肢截面面积;当洞口两侧无柱时,取 $c=c_0+d/2$。

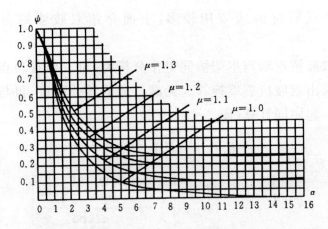

图 2-44　ψ 与 α 的曲线关系图

　　由协同计算求得双肢墙的基底弯矩,可按基底等弯矩求倒三角分布的等效荷载,然后用以下方法求双肢墙各部的内力。

　　(1)求连梁最大剪力

$$V_{bmax}=V_0\frac{\psi_{max}}{I}$$

$$I=I_1+I_2+ml$$

$$m = \frac{l}{\dfrac{1}{A_1} + \dfrac{1}{A_2}}$$

式中, V_0 为按倒三角形荷载求得的双肢墙基剪力; ψ_{max} 可由图 2-45 查得。

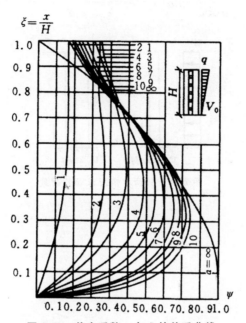

图 2-45　剪力系数 ψ 与 ξ 的关系曲线

（2）求连梁最大受剪承载力

$$V_{bmax} \leqslant 0.15 f_c b h_0$$

梁高跨比＞2.5 时

$$V_{bmax} \leqslant 0.20 f_c b h_0$$

式中, bh_0 为连梁有效截面面积。

$$\psi = \frac{2}{\alpha} \left[\begin{array}{l} \dfrac{sh\alpha - \dfrac{\alpha}{2} + \dfrac{1}{2}}{ch\alpha} ch(1-\xi)\alpha - sh\alpha(1-\xi) \\ + \alpha(1-\xi) - \dfrac{\alpha}{2}(1-\xi)^2 - \dfrac{1}{\alpha} \end{array} \right]$$

按基底等弯矩求等效荷载时, 基底剪力应与实际剪力值相近, 如相差较大, 则可分别按两种荷载分布情况求等效荷载, 然后叠加（图 2-46）, 例如, 连梁的剪力系数 ψ 值为

顶部集中荷载

$$\psi_1 = 1 - \frac{\text{ch}\alpha(1-\xi)}{\text{ch}\alpha}$$

均布荷载

$$\psi_2 = \frac{\text{sh}\alpha-\alpha}{\alpha\,\text{ch}\alpha}\text{ch}\alpha(1-\xi) - \frac{\text{sh}\alpha(1-\xi)}{\alpha} + (1+\xi)$$

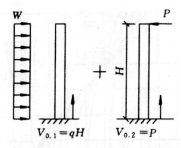

图 2-46　分两种情况求等效荷载

第3章 多层砌体房屋与底部框架砌体房屋抗震设计

实践证明,除高烈度地震区外,砌体结构房屋只要做到合理设计、按规范采取有效的抗震措施、精心施工,在地震区可以采用并能够达到相应的抗震设防要求。

3.1 多层砌体房屋的震害及其分析

3.1.1 房屋倒塌

当房屋墙体特别是底层墙体整体抗震强度不足时,易造成房屋整体倒塌;当房屋局部或上层墙体抗震强度不足或个别部位构件间连接强度不足时,易造成局部倒塌(图 3-1)。

图 3-1 砌体房屋倒塌

3.1.2 墙体的破坏

墙体出现斜裂缝主要是由于抗剪强度不足,如图 3-2 所示。出现水平裂缝的主要原因是墙片平面外受弯,出现竖向裂缝可能是纵墙交接处的连接不好。

图 3-2 砌体房屋墙体开裂

3.1.3 墙体转角处的破坏

由于墙角位于房屋尽端,房屋对它的约束作用减弱,使该处抗震能力相对降低,还有一个原因就是在地震过程中,如果房屋发生扭转时,墙角处位移反应比房屋其他部位大。

3.1.4 纵横墙连接破坏

纵横墙连接处受力比较复杂,如果施工时纵横墙没有很好地咬槎和连接,地震时易出现竖向裂缝、拉脱,甚至造成外纵墙整片倒塌。

3.1.5　楼梯间破坏

砌体结构的楼梯间一般开间较小,其墙体分配的水平地震作用较多,且沿高度方向缺乏有效支撑,空间整体刚度较小,高厚比较大,稳定性差,地震时易遭破坏。

3.1.6　楼、屋盖的破坏

楼、屋盖是地震时传递水平地震作用的主要构件,其水平刚度和整体性对房屋抗震性能影响很大。楼、屋盖的破坏,主要是由于楼板或梁在墙上的支承长度不够,端部缺乏足够拉结,引起局部倒塌;或因下部支撑墙体破坏倒塌,引起楼、屋盖塌落。

3.1.7　其他破坏

其他破坏主要包括:建筑非结构构件的破坏,围护墙、隔墙、室内装饰的开裂、倒塌;防震缝宽度不够,导致强震时缝两侧墙体碰撞造成损坏,等等。

3.2　多层砌体房屋抗震设计的一般要求

3.2.1　建筑布置和结构体系的基本要求

1. 平、立面布置

房屋的平、立面布置应尽可能简单、规则、对称,避免采用不规则的平、立面。

2.结构体系

纵墙承重的结构体系,由于横向支承少,纵墙易产生平面外弯曲破坏而导致结构倒塌,因此,对多层砌体房屋应优先采用横墙承重结构方案,其次考虑纵横墙共同承重的结构方案,尽可能避免纵墙承重方案。

砌体墙和混凝土墙混合承重时,由于两种材料性能不同,易出现墙体各个被击破的现象,故应避免。

结构框架体系有以下几种:

①框架-支撑体系(图 3-3、图 3-4)。

②框架-抗震墙板体系。

③筒体体系(图 3-5、图 3-6)。

④巨型框架体系(图 3-7)。

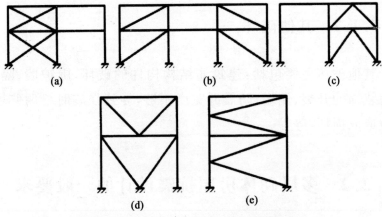

图 3-3　各种框架-中心支撑结构支撑体系

(a)十字交叉斜撑;(b)单斜杆斜撑;(c)人字形斜撑;(d)V 形斜撑;(e)K 形斜撑

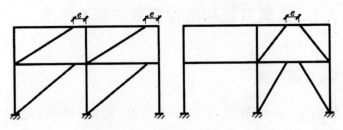

图 3-4　框架-偏心支撑结构体系

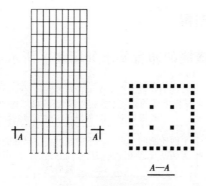

图 3-5　筒体体系

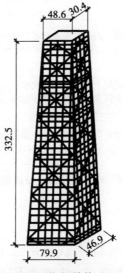

图 3-6　桁架筒体系

图 3-7　巨型框架结构体系

3. 纵横墙的布置

砌体房屋纵横墙的布置要求如图 3-8 所示。

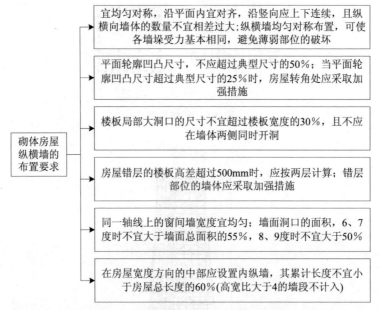

砌体房屋纵横墙的布置要求

- 宜均匀对称，沿平面内宜对齐，沿竖向应上下连续，且纵横向墙体的数量不宜相差过大；纵横墙均匀对称布置，可使各墙垛受力基本相同，避免薄弱部位的破坏
- 平面轮廓凹凸尺寸，不应超过典型尺寸的50%；当平面轮廓凹凸尺寸超过典型尺寸的25%时，房屋转角处应采取加强措施
- 楼板局部大洞口的尺寸不宜超过楼板宽度的30%，且不应在墙体两侧同时开洞
- 房屋错层的楼板高差超过500mm时，应按两层计算；错层部位的墙体应采取加强措施
- 同一轴线上的窗间墙宽度宜均匀；墙面洞口的面积，6、7度时不宜大于墙面总面积的55%，8、9度时不宜大于50%
- 在房屋宽度方向的中部应设置内纵墙，其累计长度不宜小于房屋总长度的60%(高宽比大于4的墙段不计入)

图 3-8　砌体房屋纵横墙的布置要求

4. 防震缝的设置

房屋立面高差在 6m 以上或者房屋有错层，且楼板高差大于层高的 1/4 时应设置防震缝，缝两侧均应设置墙体，缝宽应根据烈度和房屋高度确定，可采用 70～100mm。

3.2.2　房屋总高度和层数限值

历次震害调查表明，砌体房屋的高度越大、层数越多，震害越严重，破坏和倒塌率也越高。因此，对这类房屋的总高度和层数应予以限制，不应超过表 3-1 的限值，且砖房层高不宜超过 4m，砌块房屋层高不宜超过 3.6m。

对医院、教学楼等及横墙较少的多层砌体房屋总高度，应比

表 3-1 的规定降低 3m。层数相应减少一层。

表 3-1　房屋的层数和总高度限值

房屋类型		最小抗震墙厚度/mm	烈度和设计基本地震加速度										
			6		7				8				9	
			0.05g		0.10g		0.15g		0.20g		0.30g		0.40g	
			高度	层数	高度	层数	高度	层数	高度	层数	高度	层数	高度	层数
多层砌体房屋	普通砖	240	21	7	21	7	21	7	18	6	15	5	12	4
	多孔砖	240	21	7	21	7	18	6	18	6	15	5	9	3
	多孔砖	190	21	7	18	6	15	5	15	5	12	4		
	小砌块	190	21	7	21	7	18	6	15	5	15	5	9	3
底部框架-抗震墙房屋	普通砖多孔砖	240	22	7	22	7	19	6	16	5				
	多孔砖	190	22	7	19	6	16	5	13	4				
	小砌块	190	22	7	22	7	19	6	16	5				

3.2.3　房屋最大高宽比

随高宽比增大,多层砌体房屋变形中弯曲效应增加,因此在墙体水平截面产生的弯曲应力也将增大,而砌体的抗拉强度较低,故很容易出现水平裂缝,发生明显的整体弯曲破坏。为此,多层砌体房屋的最大高宽比应符合表 3-2 的规定,以限制弯曲效应,保证房屋的稳定性。

表 3-2　房屋最大高宽比

烈度	6	7	8	9
最大高宽比	2.5	2.5	2	1.5

3.2.4 抗震横墙的间距

房屋的抗震横墙间距大、数量少,房屋结构的空间刚度就小,同时纵墙的侧向支撑就少,房屋的整体性降低,因而其抗震性能就差。此外,横墙间距过大,楼盖刚度可能不足以传递水平地震作

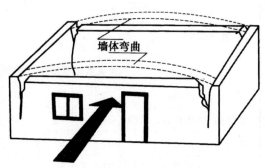

图 3-9 横墙间距过大引起的破坏

用到相邻墙体,可能使纵墙发生较大的出平面弯曲而导致破坏,如图 3-9 所示。因此,应对砌体房屋抗震横墙间距作限制,表 3-3 为《抗震规范》对砌体房屋抗震横墙间距的限值。

表 3-3 砌体房屋抗震横墙间距的限值

房屋类别		烈　　度			
		6	7	8	9
多层砌体房屋	现浇或装配整体式钢筋混凝土楼、屋盖	15	15	11	7
	装配式钢筋混凝土楼、屋盖	11	11	9	4
	木屋盖	9	9	4	
底部框架-抗震墙砌体房屋	上部各层	同多层砌体房屋			
	底层或底部两层	18	15	11	

3.2.5 房屋的局部尺寸

为避免砌体房屋出现薄弱部位,防止因局部破坏而造成整栋房屋结构的破坏甚至倒塌,应对多层砌体房屋的局部尺寸作限制,其限值见表 3-4。

表 3-4　房屋的局部尺寸限值　　　　　　（单位：m）

部　位	烈　度			
	6	7	8	9
承重窗间墙最小宽度	1.0	1.0	1.2	1.5
承重外墙尽端至门窗洞边的最小距离	1.0	1.0	1.2	1.5
非承重外墙尽端至门窗洞边的最小距离	1.0	1.0	1.0	1.0
内墙阳角至门窗洞边的最小距离	1.0	1.0	1.5	2.0
无锚固女儿墙（非出入口处）的最大高度	0.5	0.5	0.5	0.0

3.3　多层砌体房屋的抗震验算

3.3.1　水平地震作用计算

1.计算简图

在计算多层砌体房屋地震作用时，应以防震缝划分的结构单元作为计算单元。可将多层砌体结构房屋的重力荷载代表值分别集中于各楼层及屋盖处，下端为固定端。

重力荷载代表值（G_i）包括第 i 层楼盖自重、作用在该层楼面上的可变荷载和以该楼层为中心上下各半层的墙体自重（门窗自重）之和。图 3-10 所示为多层砌体房屋的计算简图。

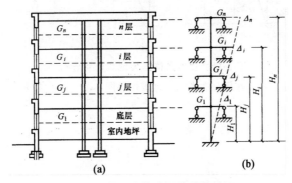

图 3-10　多层砌体房屋的计算简图

（a）多层砌体房屋；（b）计算简图

2. 地震作用

结构底部总水平地震作用的标准值 F_{EK} 为

$$F_{EK} = \alpha_1 G_{eq} \tag{3-1}$$

一般采用 $\alpha_1 = \alpha_{max}$，α_{max} 为动水平地震影响系数最大值。这是偏于安全的。

计算质点 i 的水平地震作用标准值 F_i 时，考虑到多层砌体房屋的自振周期短，地震作用采用倒三角形分布，其顶部误差不大，可取 $\delta_n = 0$，则 F_i 的计算公式为

$$F_i = \frac{G_i H_i}{\sum\limits_{j=1}^{n} G_j H_j} F_{EK} \tag{3-2}$$

如图 3-11 所示，作用在第 i 层的地震剪力 V_i 为 i 层以上各层地震作用之和，即

$$V_i = \sum\limits_{j=i}^{n} F_j \tag{3-3}$$

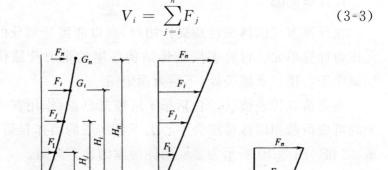

图 3-11 多层砌体房屋地震作用分布图

(a)地震作用分布图；(b)地震作用图；(c) i 层地震剪力

3.3.2　楼层地震剪力在墙体中的分配

1. 墙体的侧向刚度

假定各层楼盖仅发生平移而不发生转动,将各层墙体视为下端固定、上端嵌固的构件,墙体在单位水平力作用下的总变形包括弯曲变形和剪切变形,如图 3-12 所示。

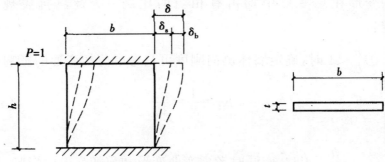

图 3-12　墙体在单位水平力作用下的变形

弯曲变形 δ_b、剪切变形 δ_s 和总变形 δ 分别为

$$\delta_b = \frac{h^3}{12EI} = \frac{1}{Et}\frac{h}{b}\left(\frac{h}{b}\right)^2 \tag{3-4}$$

$$\delta_s = \frac{\xi h}{AG} = 3\frac{1}{Et}\frac{h}{b} \tag{3-5}$$

$$\delta = \delta_b + \delta_s \tag{3-6}$$

式中,h、b、t 分别为墙体高度、宽度和厚度;A 为墙体的水平截面面积,$A = bt$;I 为墙体的水平截面惯性矩,$I = \frac{tb^3}{12}$;ξ 为截面剪应力分布不均匀系数,对矩形截面取 $\xi = 1.2$;E 为砌体弹性模量;G 为砌体剪切模量,一般取 $G = 0.4E$。

将 A、I、G 的表达式和 ξ 代入上式,可得到构件在单位水平力作用下的总变形 δ,即构件的侧移柔度为

$$\delta = \frac{1}{Et}\frac{h}{b}\left(\frac{h}{b}\right)^2 + 3\frac{1}{Et}\frac{h}{b} \tag{3-7}$$

图 3-13 给出了不同高宽比 $\dfrac{h}{b}$ 的墙体，其剪切变形和弯曲变形的数量关系以及在总变形中所占的比例。可以看出：当 $\dfrac{h}{b}<1$ 时，墙体变形以剪切变形为主，弯曲变形仅占总变形的 10% 以下；当 $\dfrac{h}{b}>4$ 时，墙体变形以弯曲变形为主，剪切变形在总变形中所占的比例很小，墙体侧移柔度值很大；当 $1\leqslant\dfrac{h}{b}\leqslant4$ 时，剪切变形和弯曲变形在总变形中均占有相当的比例。为此，《抗震规范》规定：

① $\dfrac{h}{b}<1$ 时，确定墙体侧向刚度可只考虑剪切变形的影响，即

$$K_{s}=\frac{1}{\delta_{s}}=\frac{Et}{3\dfrac{h}{b}} \tag{3-8}$$

② $1\leqslant\dfrac{h}{b}\leqslant4$ 时，应同时考虑弯曲变形和剪切变形的影响，即

$$K=\frac{1}{\delta}=\frac{Et}{\dfrac{h}{b}\left[3+\left(\dfrac{h}{b}\right)^{2}\right]} \tag{3-9}$$

③ $\dfrac{h}{b}>4$ 时，侧移柔度值很大，可不考虑其侧向刚度，即取 $K=0$。

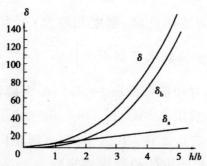

图 3-13　不同高宽比墙体的剪切变形和弯曲变形

墙体高宽的取值如图 3-14 所示。

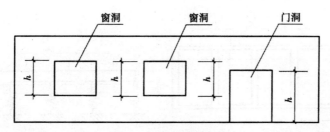

图 3-14　墙段高度的取值

对设置构造柱的小开口墙段按毛墙面计算的侧向刚度,可根据开洞率乘以表 3-5 的墙段洞口影响系数。

表 3-5　墙段洞口影响系数

开洞率	0.10	0.20	0.30
影响系数	0.98	0.94	0.88

2. 楼层地震剪力 V_i 的分配

(1)楼层横向地震剪力 V_i 的分配

V_i 在横向各抗侧力墙体间的分配,不仅取决于每片墙体的侧向刚度,而且取决于楼盖的水平刚度。下面就实际工程中常用的 3 种楼盖类型:刚性楼盖、柔性楼盖和中等刚性楼盖分别进行讨论。

1)刚性楼盖

刚性楼盖是指楼盖的平面内刚度为无穷大,如抗震横墙间距符合表 3-3 的现浇或装配整体式钢筋混凝土楼、屋盖。在水平地震作用下,认为刚性楼盖在其水平面内无变形,仅发生刚体位移,可视为在其平面内绝对刚性的水平连续梁,而横墙视为该梁的弹性支座,如图 3-15 所示。当忽略扭转效应时,楼盖仅发生刚体平动,则各横墙产生的侧移相等。地震作用通过刚性梁作用于支座的力即为抗震横墙所承受的地震剪力,它与支座的弹性刚度成正比,支座的弹性刚度即为该抗震横墙的侧向刚度。

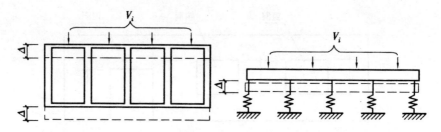

图 3-15   刚性楼盖抗震横墙的水平位移

设第 i 层有 m 片抗震横墙，各片横墙所分担的地震剪力 V_{ij} 之和即为该层横向地震剪力 V_i

$$\sum_{j=1}^{m} V_{ij} = V_i (i = 1, 2, \cdots, n) \qquad (3\text{-}10)$$

式中，V_{ij} 为第 i 层第 j 片横墙所分担的地震剪力，可表示为该片墙的侧移值 Δ_{ij} 与其侧向刚度 K_{ij} 的乘积，即

$$V_{ij} = \Delta_{ij} K_{ij} \qquad (3\text{-}11)$$

因为 $\Delta_{ij} = \Delta_i$，则由式(3-10)和式(3-11)，可得

$$\Delta_i = \frac{V}{\sum\limits_{j=1}^{m} K_{ij}} \qquad (3\text{-}12)$$

$$V_{ij} = \frac{K_{ij}}{\sum\limits_{j=1}^{m} K_{ij}} V_i \qquad (3\text{-}13)$$

式(3-13)表明，对刚性楼盖，楼层横向地震剪力可按抗震横墙的侧向刚度比例分配于各片抗震横墙。计算墙体的侧向刚度 E_{ij} 时，可只考虑剪切变形的影响，按式(3-8)计算。

若第 i 层各片墙的高度 h_{ij} 相同，材料相同，则 E_{ij} 相同，将式(3-8)代入式(3-13)得

$$V_{ij} = \frac{A_{ij}}{\sum\limits_{j=1}^{m} A_{ij}} V_i \qquad (3\text{-}14)$$

式中，A_{ij} 为第 i 层第 j 片墙的净横截面面积。

式(3-14)表明，对于刚性楼盖，当各抗震墙的高度、材料相同时，其楼层水平地震剪力可按各抗震墙的横截面面积比例进行分配。

2）柔性楼盖

柔性楼盖是假定其平面内刚度为零（如木屋盖），从而各抗震横墙在横向水平地震作用下的变形是自由的，不受楼盖的约束。此时，楼盖变形除平移外还有弯曲变形，在各横墙处的变形不同，变形曲线有转折，可近似地将整个楼盖视为多跨简支梁，各横墙为梁的弹性支座，如图 3-16 所示。各横墙承担的水平地震作用，为该墙从属面积上的重力荷载所产生的水平地震作用，故各横墙承担的地震剪力 V_{ij} 可按各墙所承担的上述重力荷载代表值的比例进行分配，即

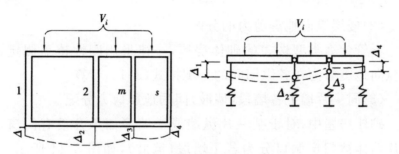

图 3-16　柔性楼盖抗震横墙的水平位移

$$V_{ij} = \frac{G_{ij}}{G_i} V_i \tag{3-15}$$

式中，G_i 为第 i 层楼盖所承担的总重力荷载代表值；G_{ij} 为第 i 层第 j 片墙从属面积所承担的重力荷载代表值。

当楼盖上重力荷载均匀分布时，上述计算可简化为按各墙体从属面积比例进行分配，即

$$V_{ij} = \frac{S_{ij}}{S_i} V_i \tag{3-16}$$

式中，S_{ij} 为第 i 层第 j 片墙体从属面积，取该墙与左右两侧相邻横墙之间各一半楼盖建筑面积之和；S_i 为第 i 层楼盖的建筑面积。

3）中等刚度楼盖

中等刚度楼盖是指楼盖的刚度介于刚性楼盖与柔性楼盖之间，如装配式钢筋混凝土楼盖。在这种情况下，各抗震横墙承担的地震剪力计算比较复杂，在一般多层砌体房屋的设计中，可近

似取上述两种地震剪力分配方法的平均值,即第 i 层第 j 片横墙所承担的地震剪力 V_{ij} 为

$$V_{ij} = \frac{1}{2}\left[\frac{K_{ij}}{\sum\limits_{j=1}^{m}K_{ij}} + \frac{G_{ij}}{G_i}\right]V_i \qquad (3\text{-}17)$$

当第 i 层各片墙的高度相同、材料相同、楼盖上重力荷载均匀分布时,V_{ij} 也可表示为

$$V_{ij} = \frac{1}{2}\left[\frac{A_{ij}}{\sum\limits_{j=1}^{m}A_{ij}} + \frac{S_{ij}}{S_i}\right]V_i \qquad (3\text{-}18)$$

(2)楼层纵向地震剪力的分配

不管什么类型楼盖的砌体房屋,一律采用刚性楼盖假定,楼层纵向地震剪力在各纵墙间的分配按式(3-13)计算。

(3)同一片墙上各墙段(墙肢)间的地震剪力分配

砌体房屋中,对于某一片纵墙或横墙多如果开设有门窗,则该片墙体被门窗洞口分为若干墙段(墙肢),如图 3-14 所示。即使该片墙的抗震强度满足规范要求,但其墙段的抗震强度仍有可能不满足规范要求,因此还需计算各墙段所承担的地震剪力,并进行抗震强度验算。

在同一片墙上,由于圈梁和楼盖的约束作用,一般认为其各墙段的侧向位移相同,因而各墙段所承担的地震剪力可按各墙段的侧向刚度比例进行分配。设第 i 层第 j 片墙共划分出 n 个墙段,则其中第 r 个墙段分配到的地震剪力为

$$V_{ijr} = \frac{K_{ijr}}{\sum\limits_{r=1}^{n}K_{ijr}}V_{ij} \qquad (3\text{-}19)$$

3.3.3 墙体抗震强度验算

砌体房屋的抗震强度验算,可归结为一片墙或一个墙段的抗震强度验算,而不必对每一片墙或每一个墙段都进行抗震验算。

根据通常的设计经验,抗震强度验算时,只是对纵、横向的不利墙段进行截面抗震强度的验算,而不利墙段为:承担地震作用较大的墙段;竖向压应力较小的墙段;局部截面较小的墙段。

1. 砌体抗震抗剪强度

在大量墙片试验基础上,结合震害调查资料进行综合估算后,《抗震规范》规定,各类砌体沿阶梯形截面破坏的抗震抗剪强度设计值应按下式确定:

$$f_{vE} = \zeta_N f_v \qquad (3-20)$$

式中,f_{vE} 为砌体沿阶梯形截面破坏的抗震抗剪强度设计值;f_v 为非抗震设计的砌体抗剪强度设计值;ζ_N 为砌体抗震抗剪强度的正应力影响系数,按表 3-6 取值。

表 3-6　砌体强度的正应力影响系数

砌体类别	$\dfrac{\sigma_0}{f_v}$							
	0.0	1.0	3.0	5.0	7.0	10.0	12.0	≥16.0
普通砖,多孔砖	0.80	0.99	1.25	1.47	1.65	1.90	2.05	
小砌块		1.23	1.69	2.15	2.57	3.02	3.32	3.92

2. 普通砖、多孔砖墙体的抗震强度验算

一般情况下,普通砖、多孔砖墙体的截面抗震受剪承载力应按下式验算:

$$V \leqslant \frac{f_{vE} A}{\gamma_{RE}} \qquad (3-21)$$

式中,V 为墙体剪力设计值;A 为墙体横截面面积,多孔砖取毛截面面积;γ_{RE} 为承载力抗震调整系数,对自承重墙取 0.75。

采用水平配筋的墙体,截面抗震受剪承载力应按下式验算:

$$V \leqslant \frac{1}{\gamma_{RE}} (f_{vE} A + \zeta_s f_{yh} A_{sh}) \qquad (3-22)$$

式中,f_{yh} 为水平钢筋抗拉强度设计值;A_{sh} 为层间墙体竖向截面的总水平钢筋面积,其配筋率应不小于 0.07% 且不大于 0.17%;ζ_s

为钢筋参与工作系数,可按表 3-7 采用。

表 3-7　钢筋参与工作系数

墙体高宽比	0.4	0.6	0.8	1.0	1.2
ζ_s	0.10	0.12	0.14	0.15	0.12

当按式(3-21)、式(3-22)验算不满足要求时,可计入基本均匀设置于墙段中部、截面不小于 240mm×240mm 且间距不大于 4m 的构造柱对受剪承载力的提高作用,按下列简化方法验算:

$$V \leqslant \frac{1}{\gamma_{RE}} \left[\eta_c f_{vE}(A-A_c) + \zeta_c f_t A_c + 0.8 f_{yc} A_{sc} + \zeta_s f_{yh} A_{sh} \right] \quad (3-23)$$

式中,A_c 为中部构造柱的横截面总面积,对横墙和内纵墙,$A_c>0.15A$ 时,取 $0.15A$;对外纵墙,$A_c>0.25A$ 时,取 $0.25A$;f_t 为中部构造柱的混凝土轴心抗拉强度设计值;A_{sc} 为中部构造柱的纵向钢筋截面总面积(配筋率不小于 0.6%,大于 1.4% 时取 1.4%);f_{yh}、f_{yc} 分别为墙体水平钢筋、构造柱钢筋抗拉强度设计值;ζ_c 为中部构造柱参与工作系数,居中设一根时取 0.5,多于一根时取 0.4;η_c 为墙体约束修正系数,一般情况取 1.0,构造柱间距不大于 3.0m 时取 1.1。

3. 小砌块墙体的抗震强度验算

小砌块墙体的截面抗震受剪承载力应按下式验算:

$$V \leqslant \frac{1}{\gamma_{RE}} \left[f_{vE}A + (0.3 f_t A_c + 0.05 f_y A_s) \zeta_c \right] \quad (3-24)$$

式中,f_t 为芯柱混凝土轴心抗拉强度设计值;A_c 为芯柱截面总面积;A_s 为芯柱钢筋截面总面积;ζ_c 为芯柱参与工作系数,可按表 3-8 采用。

表 3-8　芯柱参与工作系数

填孔率 ρ	$\rho<0.15$	$0.15\leqslant\rho<0.25$	$0.25\leqslant\rho<0.5$	$\rho\geqslant0.5$
ζ_c	0.0	1.0	1.10	1.15

3.4　多层砌体房屋抗震构造措施

房屋抗震设计的基本原则是小震不坏、大震不倒,对于多层砌体房屋一般不进行罕遇地震作用下的变形验算,而是通过采取加强房屋整体性及加强连接等一系列构造措施来提高房屋的变形能力,确保房屋大震不倒。

3.4.1　多层砌体房屋的抗震构造措施

1. 钢筋混凝土构造柱及芯柱设置

钢筋混凝土构造柱或芯柱的抗震作用在于和圈梁一起对砌体墙片乃至整幢房屋产生一种约束作用,使墙体在侧向变形下仍具有良好的竖向及侧向承载力,提高墙片的往复变形能力,从而提高墙片及整幢房屋的抗倒塌能力。

对于砖房可设置钢筋混凝土构造柱,而对混凝土空心砌块房屋,可利用空心砌块孔洞设置钢筋混凝土芯柱。

对多层砖房应按表 3-9 要求设置钢筋混凝土构造柱。

表 3-9　砖房构造柱设置要求

房屋层数				设　置　部　位	
6	7	8	9		
四、五	三、四			楼、电梯间四角,楼梯斜梯段上下端对应的墙体处;外墙四角和对应转角;错层部位横墙与外纵墙交接处;大房间内外墙交接处;较大洞口两侧	隔12m或单元横墙与外纵墙交接处;楼梯间对应的另一侧内横墙与外纵墙交接处
六	五	四			隔开间横墙(轴线)与外墙交接处;山墙与内纵墙交接处
七	≥六	≥五	≥三		内墙(轴线)与外墙交接处;内墙局部较小墙垛处;内纵墙与横墙(轴线)交接处

多层砖房钢筋混凝土构造柱的设置要求与构造要求如图 3-17 所示。

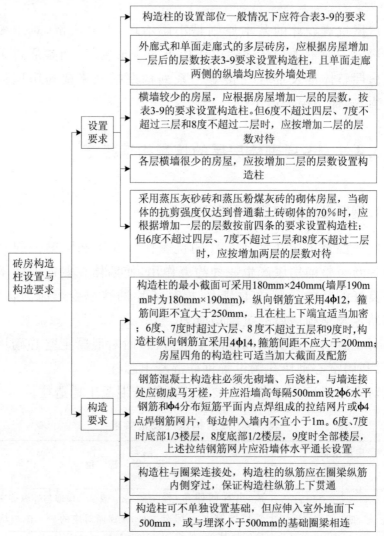

图 3-17　多层砖房钢筋混凝土构造柱的设置要求与构造要求

拉结钢筋网片应沿墙体水平通长设置,如图 3-18 所示。

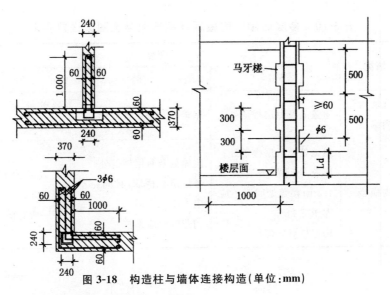

图 3-18　构造柱与墙体连接构造(单位:mm)

2. 合理布置钢筋混凝土圈梁

钢筋混凝土圈梁是提高多层砌体房屋抗震性能的一种经济有效的措施,对房屋抗震性能有重要作用。多层砌体房屋的现浇钢筋混凝土圈梁的设置要求与构造要求如图 3-19 所示。未设圈梁时楼板周边加强配筋的连接方式如图 3-20 所示。

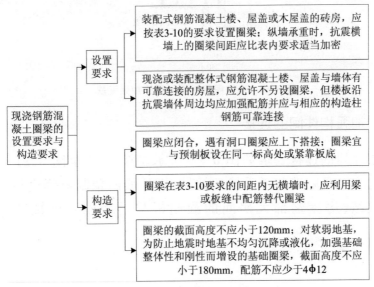

图 3-19　多层砌体房屋的现浇钢筋混凝土圈梁的设置要求与构造要求

表 3-10　多层砖砌体房屋现浇钢筋混凝土圈梁设置要求

墙类	烈度		
	6、7	8	9
外墙与内纵墙	屋盖处及每层楼盖处	屋盖处及每层楼盖处	屋盖处及每层楼盖处
内横墙	屋盖处及每层楼盖处；屋盖处间距不应大于4.5m；楼盖处间距不应大于7.2m；构造柱对应部位	屋盖处及每层楼盖处；各层所有横墙，且间距不应大于4.5m；构造柱对应部位	屋盖处及每层楼盖处；各层所有横墙

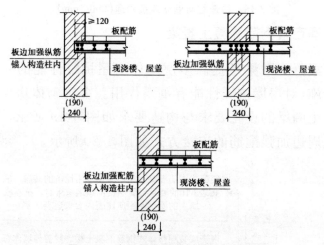

图 3-20　未设圈梁时楼板周边加强配筋

3. 加强构件间的连接

　　构件间的连接要求如图 3-21 所示。图 3-22 至图 3-24 分别为后砌非承重隔墙与承重墙的拉结、靠外墙的预制板侧边与墙或圈梁拉结、房屋端部大房间的预制板与内墙或圈梁拉结的示意图。

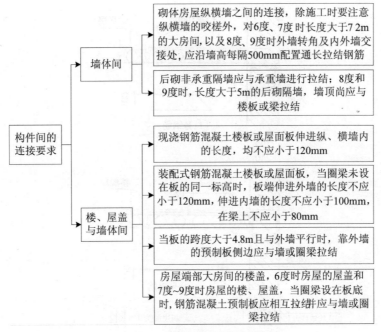

图 3-21　构件间的连接要求

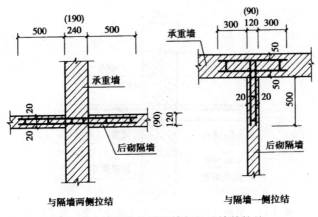

图 3-22　后砌非承重隔墙与承重墙的拉结

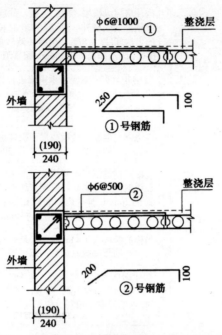

图 3-23　靠外墙的预制板侧边与墙或圈梁拉结

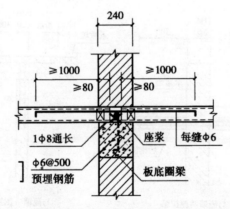

图 3-24　房屋端部大房间的预制板与内墙或圈梁拉结

4.重视楼梯间的构造要求

楼梯间是地震时人员疏散和救灾通道,所以多层砌体房屋楼梯间的构造非常重要,具体如图 3-25 所示,楼梯间墙体的配筋构造如图 3-26 所示。

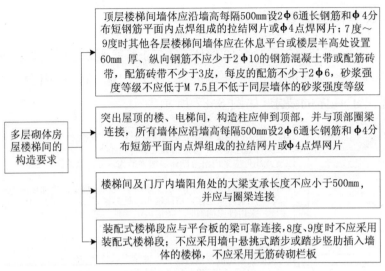

多层砌体房屋楼梯间的构造要求

→ 顶层楼梯间墙体应沿墙高每隔500mm设2φ6通长钢筋和φ4分布短钢筋平面内点焊组成的拉结网片或φ4点焊网片；7度～9度时其他各层楼梯间墙体应在休息平台或楼层半高处设置60mm 厚、纵向钢筋不应少于2φ10的钢筋混凝土带或配筋砖带，配筋砖带不少于3皮，每皮的配筋不少于2φ6，砂浆强度等级不应低于M 7.5且不低于同层墙体的砂浆强度等级

→ 突出屋顶的楼、电梯间，构造柱应伸到顶部，并与顶部圈梁连接，所有墙体应沿墙高每隔500mm设2φ6通长钢筋和φ4分布短筋平面内点焊组成的拉结网片或φ4点焊网片

→ 楼梯间及门厅内墙阳角处的大梁支承长度不应小于500mm，并应与圈梁连接

→ 装配式楼梯段应与平台板的梁可靠连接，8度、9度时不应采用装配式楼梯段；不应采用墙中悬挑式踏步或踏步竖肋插入墙体的楼梯，不应采用无筋砖砌栏板

图 3-25　楼梯间构造的要求

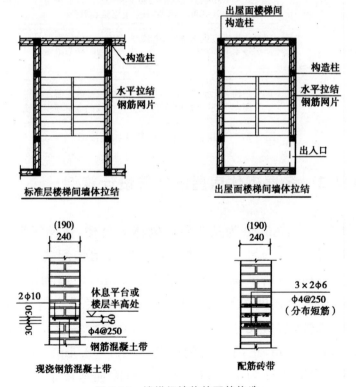

标准层楼梯间墙体拉结

出屋面楼梯间墙体拉结

构造柱

水平拉结钢筋网片

出屋面楼梯间构造柱

构造柱

水平拉结钢筋网片

出入口

现浇钢筋混凝土带

配筋砖带

图 3-26　楼梯间墙体的配筋构造

5.其他构造要求

《抗震规范》除了对多层砌体房屋的钢筋混凝土的构造柱、圈梁、构件、楼梯间的构造作出要求外,还对门窗、洞口、阳台等的构造提出了具体的要求,如图 3-27 所示。

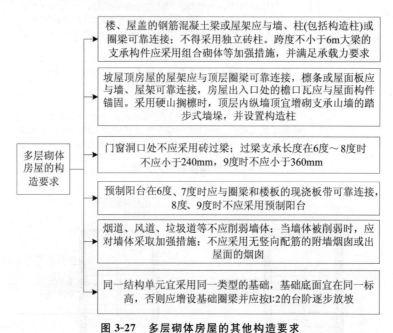

图 3-27　多层砌体房屋的其他构造要求

3.4.2　多层砌体房屋的抗震设计算例

【例 3-1】　图 3-28 为某 3 层砖砌体办公楼,楼梯间突出屋顶,其平、剖面简图及尺寸如图。楼、屋盖为采用装配式钢筋混凝土预应力空心板,横墙承重。外墙宽度 370mm,内墙和出屋面间墙宽 240mm,砖的强度等级为 MU10;混合砂浆强度等级 M5。除图中注明者外,窗口尺寸为 1.5m×2.1m,窗台高度 0.9m;门洞尺寸为 0.9m×2.4m,正门及两侧门为 1.5m×2.4m。无雪荷载和积灰荷载,设防烈度为 7 度,设计基本地震加速度值为 0.10g,建筑场地为Ⅱ类,设计地震分组为一组。试进行抗震承载力验算。

解:(1)重力荷载代表值计算。

1)屋顶间屋盖层

①预应力空心板包括灌缝、石灰焦渣找坡、刚性防水层、砖礅、隔热板、天棚等,5.67kN/m²。

屋顶间面积(近似按轴线尺寸计算)3.3×5.4=17.82m²

重量 5.67×17.82=101.0kN

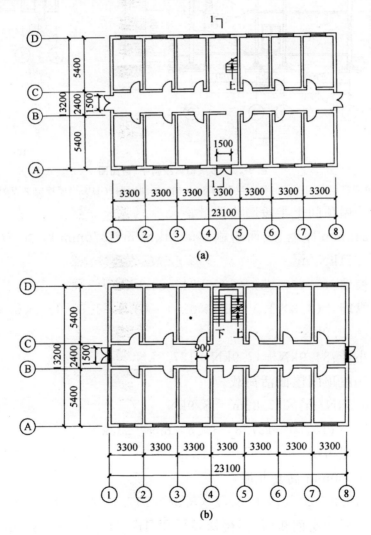

(a)

(b)

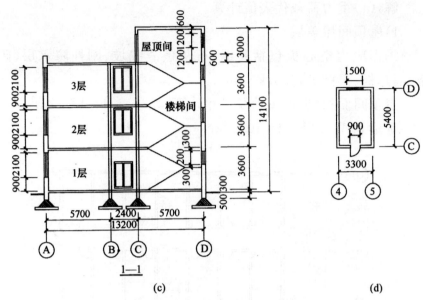

图 3-28　多层砌体结构平、剖面图

(a)底层平面图；(b)标准层平面图；(c)1—1 剖面图；(d)突出屋顶层平面图

②屋顶间上半段墙体重量。

240mm 厚墙（双面粉刷）：5.24kN/m²；370mm 厚墙（双面粉刷）：7.71kN/m²

横墙：(5.4×1.5)×2×5.24＝84.9kN

纵墙：[(3.3×1.5−0.9×0.9)＋(3.3×1.5−1.5×0.6)]×5.24＝42.9kN

小计：84.9kN＋42.9kN＝127.8kN

③屋顶间屋面活荷载。

0.5kN/m²×17.82m²＝8.9kN

G_4＝(101.0＋127.8)＋0.5×8.9＝233kN

2)屋盖层

①600mm 高女儿墙：

(13.2＋23.1)×0.6×2×5.24＝247.1kN

②屋面层面积（包括楼梯间）：23.1m×13.2m＝304.9m²

重量：5.67kN/m²×304.9m²＝1728.8kN

③屋顶间下半段墙体重量。

横墙:$(5.4 \times 1.5) \times 2 \times 5.24 = 84.9kN$

纵墙:$[(3.3 \times 1.5 - 0.9 \times 1.5) + (3.3 \times 1.5 - 1.5 \times 0.6)] \times 5.24 = 40.1kN$

小计:$84.9 + 40.1 = 125.0kN$

④三层上半段墙体重量。

横墙:$(5.4 \times 1.8) \times 12 \times 5.24 + (13.2 \times 1.8 - 1.5 \times 1.2) \times 2 \times 7.71 = 949.8kN$

内纵墙:$(3.3 \times 1.8 - 0.9 \times 0.6) \times 13 \times 5.24 = 367.8kN$

外纵墙:$[(23.1 \times 1.8) \times 2 - (1.5 \times 1.2) \times 13 - 1.5 \times 1.2)] \times 7.71 = 446.9kN$

小计:$949.8 + 367.8 + 446.9 = 1764.5kN$

⑤屋面活荷载。

$2.0kN/m^2 \times 304.9m^2 = 609.8kN$

$G_3 = (247.1 + 1728.8 + 125.0 + 1764.5) + 0.5 \times 609.8 = 4170kN$

3)二层

①预应力空心板包括灌缝、水磨石地面、天棚等,$3.55kN/m^2$。

面积(包括楼梯间):$23.1m \times 13.2m = 304.9m$。

重量:$3.55kN/m^2 \times 304.9m^2 = 1082.4kN$

②三层下半段墙体重量。

横墙:$(5.4 \times 1.8) \times 12 \times 5.24 + (13.2 \times 1.8 - 1.5 \times 0.9) \times 2 \times 7.71 = 956.7kN$

内纵墙:$(3.3 \times 1.8 - 0.9 \times 1.8) \times 13 \times 5.24 = 294.3kN$

外纵墙:$[(23.1 \times 1.8) \times 2 - (1.5 \times 0.9) \times 13] \times 7.71 = 505.9kN$

小计:$956.7 + 294.3 + 505.9 = 1756.9kN$

③二层上半段墙体重量同三层:$1764.5kN$。

④楼面活荷载:$2.0kN/m^2 \times 304.9m^2 = 609.8kN$。

$G_2 = (1082.4 + 1756.9 + 1764.5) + 0.5 \times 609.8 = 4909kN$

4)一层

①楼层重量同二层：1082.4kN。

②二层下半段墙体重量同三层：1756.9kN。

③一层上半段墙体重量。

横墙：$(5.4 \times 2.2) \times 12 \times 5.24 + (13.2 \times 2.2 - 1.5 \times 1.0) \times 2 \times 7.71 = 1171.7$kN

内纵墙：$(3.3 \times 2.2 - 0.9 \times 1.0) \times 12 \times 5.24 = 399.9$kN

外纵墙：$[(23.1 \times 2.2) \times 2 - (1.5 \times 1.6) \times 12 - 1.5 \times 1.0 - 1.5 \times 1.2] \times 7.71 = 536.2$kN

小计：$1171.1 + 399.9 + 536.2 = 2107.2$kN

④楼面活荷载：2.0kN/m$^2 \times 304.9$m$^2 = 609.8$kN。

$G_1 = 1082.4 + 1756.9 + 2107.2 + 0.5 \times 609.8 = 5251$kN

总的重力荷载代表值：

$$\sum G_i = 5251 + 4909 + 4170 + 233 = 14563\text{kN}$$

(2)水平地震作用。

图 3-29 为计算简图及地震剪力图。

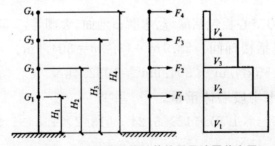

图 3-29　多层砌体结构计算简图及地震剪力图

1)总水平地震作用标准值

由设防烈度 7 度、设计基本地震加速度 $0.10g$，可知 $\alpha_1 = \alpha_{\max} = 0.08$，则：

$$\begin{aligned} F_{EK} &= \alpha_1 G_{eq} = \alpha_1 \times 0.85 \sum G_i \\ &= 0.08 \times 0.85 \times 14563 \\ &= 990.3\text{kN} \end{aligned}$$

2)楼层水平地震作用和地震剪力标准值

质点 i 的地震作用标准值为 $F_i = \dfrac{G_i H_i}{\sum\limits_{j=1}^{n} G_j H_j} F_{EK}$，第 i 层的地震

剪力标准值为 $V_i = \sum\limits_{j=i}^{n} F_j$，$V_i$ 的计算过程见表 3-11。

表 3-11　楼层地震剪力

层号	G_i/kN	H_i/m	$G_i H_i$	$\dfrac{G_i H_i}{\sum\limits_{j=1}^{n} G_j H_j}$	F_i/kN	V_i/kN
屋顶间	233	14.6	3402	0.0298	29.5	29.5
3	4170	11.6	48372	0.4234	419.3	448.8
2	4909	8.0	39372	0.3446	341.3	790.1
1	5251	4.4	23104	0.2022	200.2	990.3
$\sum$	14563		114250	1	990.3	

（3）抗震承载力验算

对于 M5 砂浆的砖砌体 $f_v = 0.11\mathrm{N/mm^2}$。

1)屋顶间横墙

①剪力分配。

考虑鞭梢效应的影响,屋顶间的地震剪力乘以增大系数 3,则

$$V_4 = 3 \times 29.5 = 88.5\mathrm{kN}$$

④轴和⑤轴的横墙完全对称,仅验算④轴。侧向刚度 $K_{44} = K_{45}$,从属荷载面积 $F_{44} = F_{45}$,有

$$V_{44} = \frac{1}{2}\left(\frac{K_{44}}{\sum K_{4m}} + \frac{F_{44}}{\sum F_{4m}}\right)V_4$$

$$= \frac{1}{2}\left(\frac{K_{44}}{K_{44} + K_{55}} + \frac{F_{44}}{F_{44} + F_{55}}\right)V_4 = \frac{1}{2} \times 88.5 = 44.3\mathrm{kN}$$

②承载力验算。

该墙段为承重墙,$\gamma_{RE} = 1$。

墙的横截面面积 $A = 240\text{mm} \times 5640\text{mm} = 1.3536 \times 10^6\text{mm}^2$。

计算该墙段的去层高处水平截面上重力荷载代表值引起的平均竖向压应力

$$\sigma_0 = \frac{1.5 \times 5.24 + (5.67 + 0.5 \times 0.5) \times 1.65}{0.240} \times 10^{-3}$$

$$= 0.07345\text{N/mm}^2$$

$$\frac{\sigma_0}{f_v} = \frac{0.07345}{0.11} = 0.6677$$

查表 3-6 得：$\zeta_N = 0.9269$，则

$$f_{vE} = \zeta_N f_v = 0.9269 \times 0.11 = 0.1020 \text{ N/mm}^2$$

$$\frac{f_{vE}A}{\gamma_{RE}} = 0.1020 \times 1.3536 \times 10^6 = 138.0\text{kN}$$

该墙段承担的地震剪力设计值：

$V = \gamma_{Eh}V_{44} = 1.30 \times 44.3 = 57.6\text{kN} < 138.0\text{kN}$，满足要求。

2）屋顶间纵墙

①各纵墙侧移刚度。

对于©轴纵墙计算简图如图 3-30(a)所示。

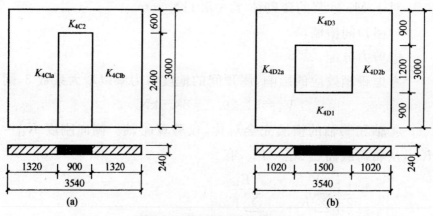

图 3-30 屋顶间纵墙计算简图

(a)©轴纵墙；(b)①轴纵墙

对 4C1a、4C1b 墙段：$\dfrac{h}{b} = \dfrac{2.40}{1.32} = 1.818 > 1$

$$K_{4C1a} = K_{4C1b} = \frac{1}{3\frac{h}{b} + \left(\frac{h}{b}\right)^3} Et = \frac{1}{3\times 1.818 + 1.818^3} \times 0.24E$$

$$= 0.02094E$$

对于 4C2 墙段：$\dfrac{h}{b} = \dfrac{0.60}{3.54} = 0.1695 < 1$

$$K_{4C1a} = \frac{1}{3\frac{h}{b}} Et = \frac{1}{3\times 0.1695} \times 0.24E = 0.4720E$$

$$K_{4C} = \frac{1}{\dfrac{1}{K_{4C1a} + K_{4C1b}} + \dfrac{1}{K_{4C2}}}$$

$$= \frac{1}{\dfrac{1}{0.02094E + 0.02094E} + \dfrac{1}{0.4720E}}$$

$$= 0.03847E$$

对于①轴纵墙计算简图如图 3-30(b)所示。

对 4D1、4D3 墙段：$\dfrac{h}{b} = \dfrac{0.90}{3.54} = 0.2542 < 1$

$$K_{4D1} = K_{4D3} = \frac{1}{3\frac{h}{b}} Et = \frac{1}{3\times 0.2542} \times 0.24E = 0.3147E$$

对 4D2a、4D2b 墙段：

$$\frac{h}{b} = 1.02 = 1.176 > 1$$

$$K_{4D2a} = K_{4D2b}$$

$$= \frac{1}{3\frac{h}{b} + \left(\frac{h}{b}\right)^3} Et = \frac{1}{3\times 1.176 + 1.176^3} \times 0.24E = 0.04656E$$

四层纵向总侧移刚度为

$$K_4 = K_{4C} + K_{4D} = 0.03847E + 0.01712E = 0.05559E$$

②剪力分配。

ⓒ轴纵墙承担的地震剪力为

$$V_{4C} = \frac{K_{4C}}{K_4} V_4 = \frac{0.03847E}{0.05559E} \times 88.5\text{kN} = 61.24\text{kN}$$

$$V_{4C1a} = \frac{1}{2}V_{4C} = \frac{1}{2} \times 61.24 = 30.62\text{kN}$$

①轴纵墙承担的地震剪力为

$$V_{4D} = \frac{K_{4D}}{K_4}V_4 = \frac{0.01712E}{0.05559E} \times 88.5\text{kN} = 27.26\text{kN}$$

$$V_{4D2a} = \frac{1}{2}V_{4D} = \frac{1}{2} \times 27.26 = 13.63\text{kN}$$

③承载力验算。

验算©轴纵墙 1a 段和①轴纵墙 2a 段，该墙段为自承重墙，取 $\gamma_{RE} = 0.75$。

©轴纵墙 1a 段横截面面积 $A = 1320 \times 240 = 0.3168 \times 10^6\text{mm}^2$。

计算该墙段的 1/2 层高处水平截面上重力荷载代表值引起的平均竖向压应力

$$\sigma_0 = \frac{(3.54 \times 1.5 - 0.90 \times 0.90) \times 5.24}{(3.54 - 0.9) \times 0.240} \times 10^{-3} = 0.03722\text{N/mm}^2$$

$$\frac{\sigma_0}{f_v} = \frac{0.03722}{0.11} = 0.3384$$

查表 3-6 得：$\zeta_N = 0.8643$，则

$$f_{vE} = \zeta_N f_v = 0.8643 \times 0.11\text{N/mm}^2 = 0.09507\text{N/mm}^2$$

$$\frac{f_{vE}A}{\gamma_{RE}} = \frac{0.09507 \times 0.3168 \times 10^6}{0.75} = 40.16 \times 10^3\text{N} = 40.16\text{kN}$$

①轴纵墙 2a 段横截面面积 $A = 1020 \times 240 = 0.2448 \times 10^6\text{mm}^2$。

计算该墙段的 1/2 层高处水平截面上重力荷载代表值引起的平均竖向压应力

$$\sigma_0 = \frac{(3.54 \times 1.5 - 1.50 \times 0.60) \times 5.24}{(3.54 - 1.50) \times 0.240} \times 10^{-3} = 0.04720\text{N/mm}^2$$

$$\frac{\sigma_0}{f_v} = \frac{0.04720}{0.11} = 0.4291$$

查表 3-6 得：$\zeta_N = 0.8815$，则

$$f_{vE} = \zeta_N f_v = 0.8815 \times 0.11\text{N/mm}^2 = 0.09697\text{N/mm}^2$$

$$\frac{f_{vE}A}{\gamma_{RE}}=\frac{0.09697\times0.2448\times10^6}{0.75}=31.65\times10^3\text{N}=31.65\text{kN}$$

地震剪力设计值为$\dfrac{f_{vE}A}{\gamma_{RE}}=1.30\times13.63\text{kN}=17.72\text{N}<31.65\text{kN}$

满足要求。

3)一层横墙

①各横墙侧移刚度。

12 个内横墙完全相同,其中每个墙段$\dfrac{h}{b}=\dfrac{4.4}{5.64}=0.780<1$,

侧移刚度为

$$K_{12a}=\frac{1}{3\dfrac{h}{b}}Et=\frac{1}{3\times0.780}\times0.24E=0.1026E$$

对于①、⑧轴墙的计算简图如图 3-31 所示。

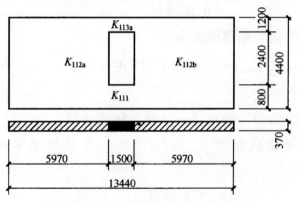

图 3-31　①、⑧轴横墙计算简图

对 111 墙段:

$$\frac{h}{b}=\frac{0.8}{13.44}=0.05952<1$$

$$K_{111}=\frac{1}{3\dfrac{h}{b}}Et=\frac{1}{3\times0.05952}\times0.37E=2.072E$$

对 112a、112b 墙段:

$$\frac{h}{b}=\frac{2.40}{5.97}=0.4020<1$$

$$K_{112a} = K_{112b} = \frac{1}{3\frac{h}{b}}Et = \frac{1}{3 \times 0.4020} \times 0.37E = 0.3068E$$

对 113 墙段：

$$\frac{h}{b} = \frac{1.20}{13.44} = 0.08929 < 1$$

$$K_{113} = \frac{1}{3\frac{h}{b}}Et = \frac{1}{3 \times 0.08929} \times 0.37E = 1.381E$$

$$K_{11} = \frac{1}{\frac{1}{K_{111}} + \frac{1}{K_{112a}} + \frac{1}{K_{112b}} + \frac{1}{K_{113}}}$$

$$= \frac{1}{\frac{1}{2.072E} + \frac{1}{0.3068E} + \frac{1}{0.3068E} + \frac{1}{1.381E}}$$

$$= 0.3526E$$

一层横向总侧移刚度为

$$K_1 = \sum K_{1m} = 0.3526E \times 2 + 0.1026E \times 12 = 1.9364E$$

②剪力分配。

验算①轴和②轴在 A～D 轴之间的墙段。

墙从属荷载面积 $F_{11} = F_{18} = F_{12a}$，①轴横墙承担的地震剪力为

$$V_{11} = \frac{1}{2}\left(\frac{K_{12a}}{K_1} + \frac{F_{11}}{\sum F_{1m}}\right)V_1$$

$$= \frac{1}{2}\left(\frac{0.3526E}{1.9364E} + \frac{F_{11}}{14F_{11}}\right) \times 990.3\text{kN}$$

$$= 125.5\text{kN}$$

$$V_{11a} = \frac{1}{2}V_{11} = \frac{1}{2} \times 125.5\text{kN} = 62.75\text{kN}$$

②轴横墙承担的地震剪力为

$$V_{12a} = \frac{1}{2}\left(\frac{K_{12a}}{K_1} + \frac{F_{12a}}{\sum F_{1m}}\right)V_1$$

$$= \frac{1}{2}\left(\frac{0.1026E}{1.9364E} + \frac{F_{11}}{14F_{11}}\right) \times 990.3\text{kN}$$

$$= 61.60\text{kN}$$

③承载力验算。

①轴 a 墙段横截面面积 $A = 5970 \times 370 = 2.209 \times 10^6\text{mm}^2$，该墙段为承重墙，取 $\gamma_{RE} = 1$。

计算该墙段的 1/2 层高处水平截面上重力荷载代表值引起的平均竖向压应力

$$\sigma_0 = \frac{0.6 \times 5.24 + (3.6 \times 2 + 2.2) \times 7.71 + (5.67 + 3.55 \times 2 + 0.5 \times 2 \times 3) \times 1.65}{0.370} \times 10^{-3}$$

$$= 0.2747\text{N/mm}^2$$

$$\frac{\sigma_0}{f_v} = \frac{0.2747}{0.11} = 2.50$$

查表 3-6 得：$\zeta_N = 1.344$，则

$$f_{vE} = \zeta_N f_v = 1.185 \times 0.11\text{N/mm}^2 = 0.1304\text{N/mm}^2$$

$$\frac{f_{vE}A}{\gamma_{RE}} = 0.1304 \times 2.209 \times 10^6 = 288.0 \times 10^3\text{N} = 288.0\text{kN}$$

地震剪力设计值为

$$V = 1.30 \times 67.25\text{kN} = 81.58\text{kN} < 288.0\text{kN}$$

②轴 a 墙段横截面面积 $A = 5640 \times 240 = 1.354 \times 10^6\text{mm}^2$，该墙段为承重墙，取 $\gamma_{RE} = 1$。

计算该墙段的 1/2 层高处水平截面上重力荷载代表值引起的平均竖向压应力

$$\sigma_0 = \frac{(3.6 \times 2 + 2.2) \times 5.24 + (5.67 + 3.55 \times 2 + 0.5 \times 2 \times 3) \times 3.3}{0.240} \times 10^{-3}$$

$$= 0.422\text{N/mm}^2$$

$$\frac{\sigma_0}{f_v} = \frac{0.422}{0.11} = 3.837$$

查表 3-6 得：$\zeta_N = 1.342$，则

$$f_{vE} = \zeta_N f_v = 1.342 \times 0.11\text{N/mm}^2 = 0.1476\text{N/mm}^2$$

$$\frac{f_{vE}A}{\gamma_{RE}} = 0.1476 \times 1.354 \times 10^6 = 199.9 \times 10^3\text{N} = 199.9\text{kN}$$

地震剪力设计值为

$V=1.30\times61.6\text{kN}=80.08\text{kN}<211.8\text{kN}$,满足要求。

3.5 底部框架-抗震墙房屋抗震设计

3.5.1 抗震设计一般规定

1.房屋总高度和层数的限制

震害表明,房屋总高度愈高,层数愈多,震害愈重。因此,《抗震规范》规定,底层框架-抗震墙房屋的总高度和层数,不宜超过表 3-12 的规定。

表 3-12 房屋的总高度和层数限值

房屋类别	最小墙厚/mm	烈度					
		6		7		8	
		高度	层数	高度	层数	高度	层数
底部框架-抗震墙	240	22	7	22	7	19	6

2.房屋的结构布置

底部框架-抗震墙房屋结构布置要求如图 3-32 所示。

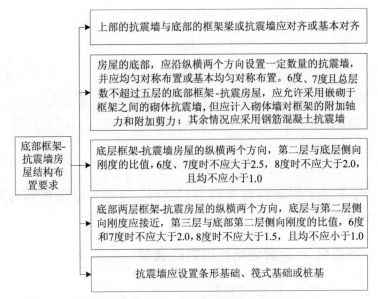

图 3-32　底部框架-抗震墙房屋结构布置要求

3. 抗震墙间距的限制及抗震等级

底部框架-抗震墙房屋的抗震横墙间距不应太大,否则地震剪力将难以传给抗震横墙。因此,《抗震规范》规定,底部框架-抗震墙房屋的抗震横墙的间距,不应超过表 3-13 的要求。

表 3-13　房屋抗震横墙的最大间距　　（单位:m）

房屋类别		烈　度		
		6	7	8
底部抗震墙	底层或底部两层	21	18	15

3.5.2　房屋抗震验算

1. 地震作用及层间地震剪力的计算

底部框架-抗震墙房屋的地震作用可按底部剪力法计算,即

$$F_{EK} = \alpha_{max} G_{eq} \qquad (3-25)$$

$$F_i = \frac{G_i H_i}{\sum\limits_{j=1}^{n} G_j H_j} F_{EK}(1 - \delta_n) \qquad (3\text{-}26)$$

$$\Delta F_n = \delta_n F_{EK} \qquad (3\text{-}27)$$

式中,δ_n 为顶部附加地震作用系数,底部框架砖房取 $\delta_n = 0$。

房屋的层间地震剪力按下式计算:

$$V_j = \sum_{j=1}^{n} F_j + \Delta F_n \qquad (3\text{-}28)$$

式中,V_j 为第 j 层层间地震剪力,kN;F_i 为第 i 层楼板标高处的地震作用,kN。

2. 底部框架-抗震墙结构剪力的调整

(1)底层框架-抗震墙结构

$$V'_1 = \zeta \gamma_{EH} F_{EK} = \zeta \gamma_{EH} \alpha_{max} G_{eq} \qquad (3\text{-}29)$$

式中,V'_1 为考虑增大系数后底层的地震剪力设计值;γ_{EH} 为水平地震作用分项系数;ζ 为地震剪力增大系数,按下式计算:

$$\zeta = \sqrt{\gamma} \qquad (3\text{-}30)$$

γ 为第二层与第一层横向或纵向侧向刚度的比,即

$$\gamma = \frac{K_2}{K_1} = \frac{\sum K_{bw2}}{\sum D + \sum K_{cw} + \sum K_{bw}} \qquad (3\text{-}31)$$

式中,K_1、K_2 为房屋一层和二层侧向刚度;K_{bw2} 为房屋二层砖墙侧向刚度;$\sum D$、$\sum K_{cw}$、$\sum K_{bw}$ 为底层框架、钢筋混凝土抗震墙和砖抗震墙侧向刚度,一根柱、一片墙侧向刚度按下式计算:

$$D_i = \alpha_i \frac{12 E I_{ci}}{h_i^3} \qquad (3\text{-}32)$$

$$K_{cw} = \frac{1}{\dfrac{\mu h_1}{G A_{cw}} + \dfrac{h_1^3}{3 E I_{cw}}} \left(1 \leqslant \frac{h_1}{b_1} \leqslant 4\right) \qquad (3\text{-}33)$$

$$K_{bw} = \frac{1}{\dfrac{\mu h_1}{G A_{bw}} + \dfrac{h_1^3}{3 E I_{bw}}} \left(1 \leqslant \frac{h_1}{b_1} \leqslant 4\right) \qquad (3\text{-}34)$$

按式(3-30)计算,当 $\zeta < 1.2$ 时,取 $\zeta = 1.2$;当 $\zeta > 1.2$ 时,取 $\zeta = 1.5$。

(2)底部框架-抗震墙结构

$$V'_1 = \zeta_i \gamma_{EH} V_i \tag{3-35}$$

式中,V'_i 为第 i 层考虑增大系数后底层的地震剪力设计值;γ_{EH} 为水平地震作用分项系数;ζ_i 为第 i 层地震剪力增大系数,按下式计算。

1)当抗震墙高宽比 $\dfrac{h}{b} \leqslant 1$ 时[图 3-33(c)]

$$\zeta_i = \sqrt{\gamma_i} \ (i = 1,2) \tag{3-36}$$

$$\gamma_i = \frac{K_3}{K_i} = \frac{\sum K_{bw3}}{\sum D_i + \sum K_{cwi} + \sum K_{bwi}} (i = 1,2) \tag{3-37}$$

式中,K_i、K_3 为房屋第 i 层($i = 1,2$)、第三层侧向刚度;K_{bw3} 为房屋第三层砖墙侧向刚度;$\sum D_i$、$\sum K_{cwi}$、$\sum K_{bwi}$ 为房屋第主层($i = 1,2$)框架、钢筋混凝土抗震墙和抗震墙侧向刚度,一根柱、一片墙侧向刚度按下式计算:

$$D_i = \alpha_i \frac{12EI_{ci}}{h_i^3} \tag{3-38}$$

$$K_{cwi} = \frac{GA_{cwi}}{\mu h_i} \tag{3-39}$$

$$K_{bwi} = \frac{GA_{bwi}}{\mu h_i} \tag{3-40}$$

2)当抗震墙高宽比 $1 \leqslant \dfrac{h}{b} \leqslant 4$ 时

在这种情况下,不能再按各抗测力构件侧向刚度叠加法计算第三与第 i 层($i = 1,2$)侧向刚度比,现采用力法分析底部两层框架-抗震墙结构的侧向刚度,为此,将地震作用方向的抗震墙合并在一起形成“总抗震墙”;将该方向的框架合并在一起形成“总框架”,计算简图如图 3-33 所示。

现建立力法典型方程式:

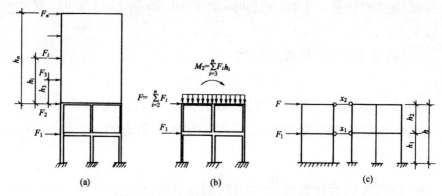

图 3-33　底部框架-抗震墙砖房计算简图

$$\begin{cases} \delta_{11} X_1 + \delta_{12} X_2 + \Delta_{1P} = 0 \\ \delta_{21} X_1 + \delta_{22} X_2 + \Delta_{2P} = 0 \end{cases} \tag{3-41}$$

式中, $\delta_{11} = \delta_{11}^w + \delta_{11}^f$, $\delta_{12} = \delta_{12}^w + \delta_{12}^f$, $\delta_{21} = \delta_{21}^w + \delta_{21}^f$, $\delta_{22} = \delta_{22}^w + \delta_{22}^f$ 。

其中 δ_{11}^w 、 δ_{12}^w 、 δ_{21}^w 、 δ_{22}^w 为抗震墙柔度系数,按下式计算:

$$\delta_{11}^w = \frac{h_1^3}{3EI_w} + \frac{\mu h_1}{GA_w}$$

$$\delta_{12}^w = \delta_{21}^w = \frac{(2h + h_2) h_1^2}{6EI_w} + \frac{\mu h_1}{GA_w}$$

$$\delta_{22}^w = \frac{h^3}{3EI_w} + \frac{\mu h}{GA_w}$$

并注意到

$$\delta_{11}^f = \frac{1}{\sum D_1}$$

$$\delta_{12}^f = \delta_{21}^f = \delta_{11}^f = \frac{1}{\sum D_1}$$

$$\delta_{22}^f = \frac{1}{\sum D_1} + \frac{1}{\sum D_2}$$

$$\Delta_{1P} = -\left(F_1 \delta_{11}^w + F \delta_{12}^w\right)$$

$$\Delta_{2P} = -\left(F_1 \delta_{21}^w + F \delta_{22}^w\right)$$

式中, $\sum D_1$ 、 $\sum D_2$ 分别为总框架第一层和第二层侧向刚度; I_w 、 A_w 分别为总抗震墙截面惯性矩和横截面面积。

根据克莱姆法则,方程(3-41)的解可写成:

$$X_1 = \frac{\begin{vmatrix} \Delta_{1P} & \delta_{12} \\ \Delta_{2P} & \delta_{22} \end{vmatrix}}{\begin{vmatrix} \delta_{11} & \delta_{12} \\ \delta_{21} & \delta_{22} \end{vmatrix}}; X_2 = \frac{\begin{vmatrix} \delta_{11} & \Delta_{1P} \\ \delta_{21} & \Delta_{2P} \end{vmatrix}}{\begin{vmatrix} \delta_{11} & \delta_{12} \\ \delta_{21} & \delta_{22} \end{vmatrix}} \tag{3-42}$$

第一层和第二层的层间位移分别为:

$$\Delta u_1 = \delta_{11}^f X_1 + \delta_{12}^f X_2 = \frac{X_1 + X_2}{\sum D_1} \tag{3-43}$$

$$\Delta u_2 = \frac{X_2}{\sum D_2} - \theta_1 h_2 \tag{3-44}$$

式中,θ_1 为第一层抗震墙在首层顶板处产生的弯曲转角,其值可由抗震墙隔离体的图乘法得到:

$$\theta_1 = \frac{1}{2EI_w} h_1 [(F - X_2)(h + h_2) + (F_1 - X_1)h_1] \tag{3-45}$$

由此可得底部框架-抗震墙房屋第 i 层的侧向刚度为:

$$K_i = \frac{V_i}{\Delta u_i} (i = 1, 2) \tag{3-46}$$

式中,V_i 为第 i 层地震剪力。

这样,第三层与第 i 层侧向刚度比即可求出,进而按式(3-36)求得地震剪力增大系数。

按式(3-36)计算,当 $\zeta_i < 1.2$ 时,取 $\zeta_i = 1.2$;当 $\zeta_i > 1.5$ 时,取 $\zeta_i = 1.5$。

3. 底部框架-抗震墙房屋抗震承载力的验算

(1)底部框架-抗震墙结构地震剪力的分配

1)抗震墙地震剪力的分配

在地震期间,抗震墙开裂前的侧向刚度最大。因此,应按这一阶段进行地震承载力验算。《抗震规范》规定,底部框架-抗震墙房屋,底层或底部两层纵向和横向地震剪力设计值全部由该方向的抗震墙承担,并按各抗震墙的侧向刚度比例分配。

2)框架地震剪力的分配

《抗震规范》规定,计算底部框架承担的地震剪力设计值时,各抗侧力构件应采用有效侧向刚度,有效侧向刚度的取值,框架不折减,混凝土墙可乘以折减系数 0.3,砖墙可乘以折减系数 0.2。

根据抗震墙的层数和高宽比的不同,框架承担的地震剪力设计值的计算方法也有所不同,现分析如下:

①侧向刚度叠加法。对底层框架-抗震墙和抗震墙高宽比 $\dfrac{h}{b}$ ≤1 的底部框架-抗震墙结构,可按侧向刚度叠加法确定。

$$V_{ci} = \frac{K_{ci}}{0.3 \sum K_{wi} + \sum K_{ci}} V'_i \quad (i = 1,2) \qquad (3-47)$$

式中,V_{ci} 为第一或第二层一根柱承担的地震剪力设计值;K_{ci} 为第一或第二层一根柱的侧向刚度;V'_i 为第一或第二层考虑增大系数后地震剪力设计值。

②框架-抗震墙协同工作计算法。对抗震墙高宽比 $1 \leqslant \dfrac{h}{b} \leqslant 4$ 的两层框架-抗震墙结构,应按框架-抗震墙协同工作计算。

由式(3-42)求得连杆内力后,便可按下式确定框架承担的地震剪力设计值:

$$V_{f1} = X_1 + X_2 \qquad (3-48)$$

$$V_{f2} = X_2 \qquad (3-49)$$

为了保证框架柱具有一定得抗震能力,按式(3-47)和式(3-48)、式(3-49)计算,当 $V_{ci} \leqslant \dfrac{0.2}{n} V'_i$ 时,取 $V_{ci} = \dfrac{0.2}{n} V'_i$。其中 n 为计算方向柱的根数。

(2)底部框架-抗震墙结构地震倾覆力矩的分配

1)底层框架-抗震墙房屋

底层框架-抗震墙结构一层以上的地震作用将在一层顶板处产生倾覆力矩,其值按下式计算:

$$M_1 = \sum_{i=2}^{n} F_i h_i \qquad (3-50)$$

式中，F_i 为第 i 层水平地震作用（图 3-34）；h_i 为第 i 层顶板与第一层顶板之间的距离。

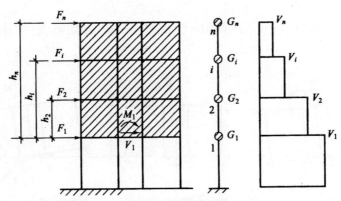

图 3-34　底层框架-抗震墙砖房抗震计算

各轴线上的抗震墙和框架承受的地震倾覆力矩，按底层抗震墙和框架转动刚度的比例分配确定。

一榀框架承受的倾覆力矩：

$$M_f = \frac{k'_f}{\bar{k}} M_1 \qquad (3-51)$$

一片抗震墙承受的倾覆力矩：

$$M_w = \frac{k'_w}{\bar{k}} M_1 \qquad (3-52)$$

$$\bar{k} = \sum k'_w + \sum k'_f \qquad (3-53)$$

式中，M_1 为作用于整个房屋底层顶板的地震倾覆力矩（图 3-35）；k'_f 为底层一榀框架沿自身平面内的转动刚度；k'_w 为一片抗震墙沿其平面内的转动刚度。

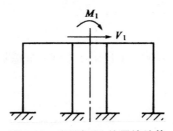

图 3-35　底层框架-抗震墙计算

①框架平面内转动刚度的确定。图 3-36（a）表示底层框架

（设横梁抗弯刚度 $EI_b = \infty$）在弯矩 M 作用下的变形情形。框架的转角由两部分组成：

$$\varphi_f = \varphi_{f_1} + \varphi_{f_2} \tag{3-54}$$

式中，φ_{f_1} 为框架柱变形引起的框架转角；φ_{f_2} 为地基变形引起的框架转角。

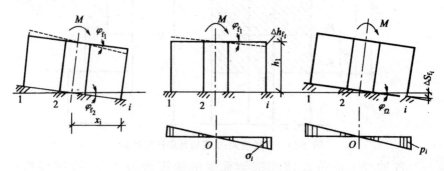

图 3-36　底层框架转动刚度的确定

φ_{f_1} 的确定。在弯矩 M 作用下第 i 根柱的平均压应力（图 3-32）为：

$$\sigma_i = \frac{M_{xi}}{I_c} \approx \frac{M_{xi}}{\sum A_i x_i^2} \tag{3-55}$$

该柱的压缩变形为：

$$\Delta h_{f_i} = \frac{\sigma_i A_i h_i}{EA_i} \tag{3-56}$$

式中，σ_i 为第 i 根柱的压应力平均值；A_i 为第 i 根柱的横截面面积；E 为柱的弹性模量。

将式（3-55）代入式（3-56），经整理后得：

$$\varphi_{f_1} = \frac{Mh}{E \sum A_i x_i^2} \tag{3-57}$$

φ_{f_2} 的确定。在 M 作用下第 i 根柱基基底平均应力[图 3-32（c）]为：

$$p_i = C_z \Delta S_{f_i} = \frac{M_{xi}}{\sum F_i x_i^2} \tag{3-58}$$

该柱基的平均沉降为：

$$\Delta S_{f_i} = \varphi f_2 x_i \tag{3-59}$$

式中，p_i 为第 i 个柱基基底平均应力，kN/m^3；C_z 为地基抗压刚度系数，kN/m^3；ΔS_{f_i} 为第 i 个柱基的平均沉降量，m；I_b 为框架各柱基对了轴的惯性矩；F_i 为第 i 个柱基底面面积。

将式(3-59)代入式(3-58)，经整理后得：

$$\varphi_{f_2} = \frac{M}{C_z \sum F_i x_i^2} \tag{3-60}$$

将式(3-55)和式(3-60)代入式(3-54)，经整理后得：

$$\frac{M}{\varphi_f} = \frac{1}{\dfrac{h_1}{E \sum A_i x_i^2} + \dfrac{1}{C_z \sum F_i x_i^2}} \tag{3-61}$$

上式表示一榀框架沿自身平面内产生单位转角所应施加的弯矩，把它定义为框架平面内的转动刚度，一般用符号 k'_f 表示。于是：

$$k'_f = \frac{1}{\dfrac{h_1}{E \sum A_i x_i^2} + \dfrac{1}{C_z \sum F_i x_i^2}} \tag{3-62}$$

②抗震墙平面内转动刚度的确定。图 3-37(a)表示底层抗震墙在弯矩作用下的变形情形。抗震墙的转角由两部分组成：

$$\varphi_w = \varphi_{w_1} + \varphi_{w_2} \tag{3-63}$$

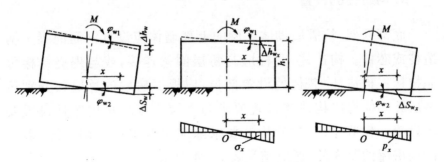

图 3-37　底层抗震墙转动刚度的确定

式中，$\varphi_{w_1} = \dfrac{Mh_1}{EI_w}$ 为墙体本身变形引起的抗震墙转角；$\varphi_{w_2} = \dfrac{M}{C_\varphi I_\varphi}$ 为地基变形引起的抗震墙转角。

把一片抗震墙沿自身平面内产生单位转角所施加的弯矩定义为抗震墙平面内转动刚度,即

$$k'_w = \frac{1}{\dfrac{h_1}{EI_w} + \dfrac{1}{C_\varphi I_\varphi}} \qquad (3\text{-}64)$$

第 i 根柱由倾覆力矩所引起的附加轴力为:

$$N_i = \sigma_i A_i = \frac{M_f A_i x_i}{\sum A_i x_i^2} \qquad (3\text{-}65)$$

若各柱横截面面积相等时,则式(3-65)可简化成:

$$N_i = \frac{M_f x_i}{\sum x_i^2} \qquad (3\text{-}66)$$

2)底部框架-抗震墙房屋

底部框架-抗震墙房屋,一般情况下,一、二层柱的横截面相同,抗震墙的横截面也相同。因此,框架和抗震墙平面内转动刚度的计算仍可分别按式(3-62)和式(3-64)计算。但式中的 h_1 应以两层高度 h 代入。

3.5.3 底部框架-抗震墙砌体房屋的抗震构造措施

1.构造柱的设置

底部框架-抗震墙砌体房屋的上部墙体应设置钢筋混凝土构造柱或芯柱。构造柱、芯柱应与每层圈梁连接,或与现浇楼板可靠拉接。构造柱、芯柱的设置部位,应根据房屋的总层数分别按多层砖砌体房屋构造体设置要求与多层小砌块房屋芯柱设置要求设置。构造体、芯柱的构造要求除应符合多层砖砌房屋、多层砌块房屋的要求外,还应满足表 3-14 要求。

表 3-14　构造柱、芯柱设置要求

墙体部位	墙体类别	构造类别	烈度	
			6、7	8
过渡层	砖墙	构造柱间距	不大于层高	
		构造柱截面	≥240×墙厚	
		构造柱配筋	>4φ16	≥4φ18
			φ6@200/100	
	小砌块墙	芯柱间距	不大于 1m	
		芯柱配筋	≥每孔 1φ16	≥每孔 1φ18
上部墙体	砖墙	构造柱截面	≥240×墙厚	
		构造柱配筋	≥4φ14	
			φ6@200/100	
	小砌块墙	芯柱配筋	≥每孔 1φ14	

2. 过渡层墙体

过渡层墙体的构造,如图 3-38 所示,要求如图 3-39 所示。

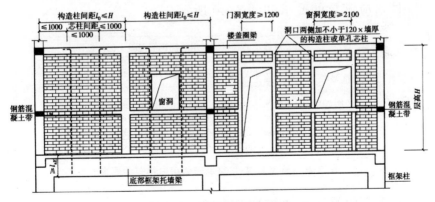

图 3-38　过渡层墙体的构造

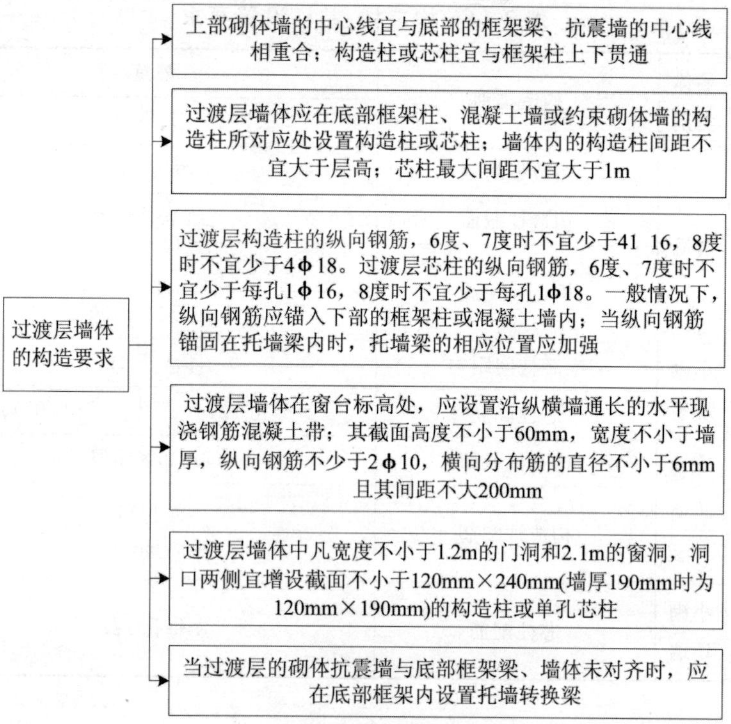

过渡层墙体的构造要求
- 上部砌体墙的中心线宜与底部的框架梁、抗震墙的中心线相重合；构造柱或芯柱宜与框架柱上下贯通
- 过渡层墙体应在底部框架柱、混凝土墙或约束砌体墙的构造柱所对应处设置构造柱或芯柱；墙体内的构造柱间距不宜大于层高；芯柱最大间距不宜大于1m
- 过渡层构造柱的纵向钢筋，6度、7度时不宜少于4Φ16，8度时不宜少于4Φ18。过渡层芯柱的纵向钢筋，6度、7度时不宜少于每孔1Φ16，8度时不宜少于每孔1Φ18。一般情况下，纵向钢筋应锚入下部的框架柱或混凝土墙内；当纵向钢筋锚固在托墙梁内时，托墙梁的相应位置应加强
- 过渡层墙体在窗台标高处，应设置沿纵横墙通长的水平现浇钢筋混凝土带；其截面高度不小于60mm，宽度不小于墙厚，纵向钢筋不少于2Φ10，横向分布筋的直径不小于6mm且其间距不大200mm
- 过渡层墙体中凡宽度不小于1.2m的门洞和2.1m的窗洞，洞口两侧宜增设截面不小于120mm×240mm(墙厚190mm时为120mm×190mm)的构造柱或单孔芯柱
- 当过渡层的砌体抗震墙与底部框架梁、墙体未对齐时，应在底部框架内设置托墙转换梁

图 3-39　过渡层墙体的构造要求

3. 楼盖

楼盖应满足的要求如图 3-40 所示。

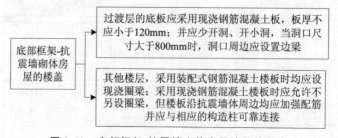

底部框架-抗震墙砌体房屋的楼盖
- 过渡层的底板应采用现浇钢筋混凝土板，板厚不应小于120mm；并应少开洞、开小洞，当洞口尺寸大于800mm时，洞口周边应设置边梁
- 其他楼层，采用装配式钢筋混凝土楼板时均应设现浇圈梁；采用现浇钢筋混凝土楼板时应允许不另设圈梁，但楼板沿抗震墙体周边均应加强配筋并应与相应的构造柱可靠连接

图 3-40　底部框架-抗震墙砌体房屋楼盖的要求

4. 底部钢筋混凝土框架

底部钢筋混凝土框架应采用现浇或现浇柱、预制梁结构，并宜双向刚性连接。框架柱应符合要求如图 3-41 所示。

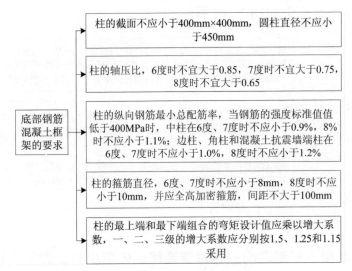

图 3-41　底部钢筋混凝土框架的要求

5. 钢筋混凝土托墙梁

底部框架-抗震墙砌体房屋的钢筋混凝土托墙梁,其构造应符合表 3-15 要求。

表 3-15　托墙梁构造要求

项目	抗震等级	一级	二、三级	四级
梁端箍筋加密范围		$\geqslant 2.0h_b$	$\geqslant 0.2l_n$ 且 $\geqslant 1.5h_b$	
尺寸	梁宽 b_b	应不大于相应柱宽,不小于墙厚且不小于 300mm		
	梁高 h_b	不应小于跨度的 1/10,当托墙梁上有洞口时不应小于跨度的 1/8		
纵筋	最小配筋率	$\geqslant 0.4\%$	$\geqslant 0.3\%$	$\geqslant 0.25\%$
	腰筋	$\geqslant 2\phi 14$,沿梁高间距 $\leqslant 200$mm		
	纵筋接头	宜采用机械接头,同一截面接头面积应不大于纵筋面积的 50%		
箍筋加密区	箍筋直径	$\geqslant \phi 10$		$\geqslant \phi 8$
	箍筋间距	$\leqslant 100$mm		
	箍筋肢距	宜 $\leqslant 200$mm	宜 $\leqslant 250$mm	

6. 钢筋混凝土抗震墙

底部框架-抗震墙砌体房屋的底部采用钢筋混凝土抗震墙

时,应符合的要求如图 3-42 所示。

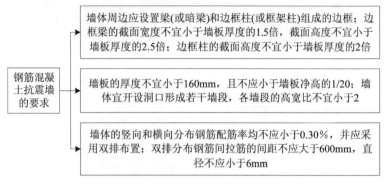

图 3-42 钢筋混凝土抗震墙的要求

7. 嵌砌于框架之间的约束普通砖砌体或小砌块砌体抗震墙

6 度且总层数不超过 4 层的底层框架-抗震墙砌体房屋,底层抗震墙应允许采用嵌砌于框架之间的约束普通砖砌体或小砌块砌体的抗震墙。

当采用嵌砌于框架之间的约束普通砖砌体抗震墙时,其构造如图 3-43 所示。

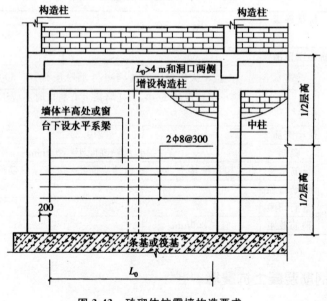

图 3-43 砖砌体抗震墙构造要求

3.5.4　底部框架-抗震墙房屋的抗震设计算例

【例 3-2】　将例 3-1 中三层砌体房屋改为底层框架房屋,上部各层布置均不变,底层平面如图 3-44 所示。其中框架柱截面尺寸 400mm×400mm,混凝土抗震墙的厚度为 200mm,混凝土强度等级为 C30,二层混合砂浆强度等级改为 M10,其他条件不变。试确定在横向地震作用下底层柱所承担的剪力、弯矩和附加轴力。

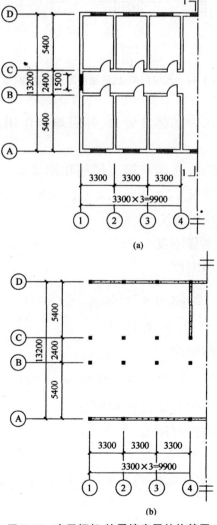

图 3-44　底层框架-抗震墙房屋结构简图

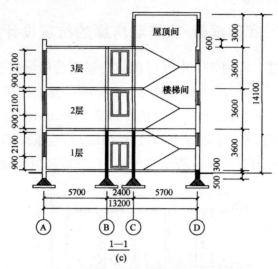

图 3-44 底层框架-抗震墙房屋结构简图(续)

(a)标准层平面图;(b)底层框架和抗震墙布置图;(c)侧立面图

解:(1)近似认为底部总剪力、各层地震作用及各层地震剪力同例 3-1

(2)底层框架-抗震墙与第二层侧移刚度比

混凝土强度等级 C30,$E=3.0\times10^7$ kN,$G=0.43E=0.43\times3.0\times10^7=1.29\times10^7$ kN/m^2

1)底层框架侧移刚度

单根柱的侧移刚度

$$K_c=\frac{12EI}{H^3}=\frac{12\times3.0\times10^7\times\dfrac{0.4^4}{12}}{4.4^3}=9016\text{kN/m}$$

框架总的侧移刚度

$$\sum K_c=32\times K_c=32\times9016\text{kN/m}=0.2885\times10^6\text{kN/m}$$

2)底层混凝土抗震墙的侧移刚度

一榀抗震墙的侧移刚度

$$A=0.2\times(5.4-0.4)=1\text{m}^2$$

$$I=\frac{tb^3}{12}=\frac{0.2\times(5.4-0.4)^3}{12}=2.083\text{m}^4$$

$$K_{wc} = \cfrac{1}{\cfrac{1.2h}{GA} + \cfrac{h^3}{12EI}} = \cfrac{1}{\cfrac{1.2 \times 4.4}{1.29 \times 10^7 \times 1} + \cfrac{4.4^3}{12 \times 3 \times 10^7 \times 2.083}}$$

$$= 1.912 \times 10^6 \, \text{kN/m}$$

混凝土抗震墙的总侧移刚度

$$\sum K_{wc} = 2 \times K_{wc} = 2 \times 1.912 \times 10^6 \, \text{kN/m} = 3.824 \times 10^6 \, \text{kN/m}$$

3）底层框架-抗震墙的总横向侧移刚度

$$K_1 = \sum K_c + \sum K_{wc}$$

$$= 0.2885 \times 10^6 + 3.824 \times 10^6$$

$$= 4.113 \times 10^6 \, \text{kN/m}$$

4）二层砖横墙的侧移刚度

MU10 砖，M10 混合砂浆

$$f = 1.89 \, \text{N/mm}^2, E = 1600f = 1600 \times 1.89 = 3024 \, \text{N/mm}^2$$

二层砖横墙的面积

$$A = (13.44 - 1.5) \times 0.37 \times 2 + (5.64 \times 0.24) \times 12 = 25.08 \, \text{m}^2$$

二层砖横墙的侧移刚度

$$K_2 = \frac{EA}{3h} = \frac{3024 \times 10^3 \times 25.08}{3 \times 3.6} = 7.022 \times 10^6 \, \text{kN/m}$$

5）二层与底层侧向刚度比验算

$$\gamma = \frac{K_2}{K_1} = \frac{7.022 \times 10^6}{4.113 \times 10^6} = 1.707, 1.0 < \gamma < 2.5，满足要求。$$

（3）框架柱承担的剪力和弯矩计算

1）底层剪力放大系数 ζ_v 及调整后底层剪力 V_1

$$\zeta_v = \sqrt{\gamma} = \sqrt{1.707} = 1.307$$

则

$$V_1 = \zeta_v \alpha_{max} G_{eq} = 1.307 \times 990.3 = 1294 \, \text{kN}$$

2）单根框架柱分担的地震剪力

$$V_c = \frac{K_c}{\sum K_c + 0.3 \sum K_{wc}} V_1$$

$$= \frac{7890}{0.2885 \times 10^6 + 0.3 \times 3.824 \times 10^6} \times 1294 = 7.111 \text{kN}$$

3)框架柱的柱端弯矩

取反弯点距柱底 0.55 倍柱高度,则

柱下端弯矩

$$M_v^{\text{下}} = V_c \times 0.55h = 7.111 \times 0.55 \times 4.4 = 17.21 \text{kN} \cdot \text{m}$$

柱上端弯矩

$$M_v^{\text{上}} = V \times (1-0.55)h = 7.111 \times 0.45 \times 4.4 = 14.08 \text{kN} \cdot \text{m}$$

(4)框架柱的附加轴力计算

1)作用于底层顶部的地震倾覆力矩

作用于底层顶部的地震倾覆力矩,如图 3-45 所示

$$M_1 = \sum_{i=2}^{4} F_i (H_i - H_1) = 341.3 \times 3.6 + 419.3 \times 7.2 + 29.5$$

$\times 10.2 = 4549 \text{kN} \cdot \text{m}$

2)单榀框架分配到的地震倾覆力矩

框架底部各轴线承受的地震倾覆力矩,可近似按底部抗震墙和框架的侧向刚度比例分配。

一榀框架的侧移刚度 $K_f = 4 \times K_c = 4 \times 9016 = 36064 \text{kN/m}$,则单榀框架分配到的地震倾覆力矩

$$M_f = \frac{K_f}{0.3 \sum K_{\text{wc}} + \sum K_c} M_1$$

$$= \frac{36064}{0.3 \times 3.824 \times 10^6 + 0.2885 \times 10^6} \times 4549$$

$$= 114.3 \text{kN} \cdot \text{m}$$

3)倾覆力矩引起框架柱附加轴力

每根柱分担的附加轴力当各柱的截面面积相等时,有

$$N_i = \pm \frac{A_i x_i}{\sum A_i x_i^2} M_f = \pm \frac{x_i}{\sum x_i^2} M_f$$

任意一榀横向框架由于对称,形心位置位于中间(图 3-46),则有

$$x_1 = 6.6 \text{m}, x_2 = 1.2 \text{m}, x_3 = 1.2 \text{m}, x_4 = 6.6 \text{m}$$

$$N_A = N_D = \pm \frac{6.6}{6.6^2 \times 2 + 1.2^2 \times 2} \times 114.3 = \pm 8.382\text{kN}$$

$$N_B = N_C = \pm \frac{1.2}{6.6^2 \times 2 + 1.2^2 \times 2} \times 114.3 = \pm 1.524\text{kN}$$

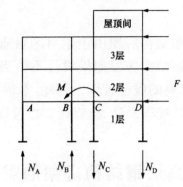

图 3-45　倾覆力矩计算图

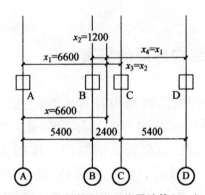

图 3-46　单榀框架形心位置计算(mm)

第4章　多层与高层钢结构房屋抗震设计

在地震作用下,钢结构房屋由于钢材的材质均匀,拥有着很高的抗震能力。但是,钢结构房屋如果设计不恰当,在强地震下可能会发生构件失稳和材料的脆性破坏。因此,本章主要描述多层与高层钢结构房屋的震害、抗震设计、抗震计算以及构造措施等。

4.1　多层与高层钢结构房屋的震害及其分析

4.1.1　钢结构房屋的震害

同混凝土结构相比,钢结构具有优越的强度、韧性或延性,总体上看抗震性能好、抗震能力强。尽管如此,如果在设计、施工、维护等方面出现问题,也会造成钢结构房屋的损害或破坏。震害调查表明(表4-1),钢结构较少出现倒塌破坏情况,主要震害表现是节点连接的破坏、构件的破坏以及结构的整体倒塌三种形式。

表 4-1　唐山钢铁厂震害调查资料

统计参数 结构形式	总建筑 面积/万 m²	倒塌和严重 破坏比例	中等破坏 比例
钢结构	3.67	0	9.3%
钢筋混凝土结构	4.06	23.2%	47.9%
砌体结构	3.09	41.2%	20.9%

1. 节点连接破坏

由于节点传力集中、构造复杂,施工难度大,容易造成应力集中、强度不均衡现象,容易出现节点破坏。

（1）框架梁柱节点破坏

图 4-1 是美国诺斯里奇地震时,H 形截面的梁柱节点的典型破坏形式。由图中可见,在混凝土楼板与钢梁共同作用促使下翼缘应力增大,同时下翼缘与柱的连接焊缝又存在较多缺陷造成了节点破坏现象。图 4-2 显示出了焊缝连接处的多种失效模式。在保留施焊时设置的衬板根部不能清理和补焊,便会形成了一条"人工缝",如图 4-3 所示,这可能是造成破坏的重要施工工艺原因。

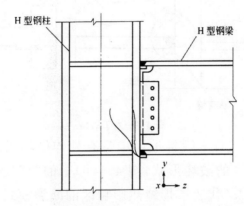

图 4-1　美国诺斯里奇地震中的梁柱连接裂缝

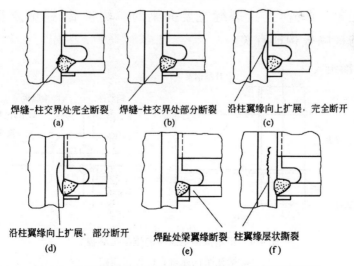

图 4-2　美国诺斯里奇地震中梁柱焊接连接处的失效模式

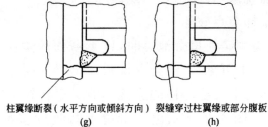

柱翼缘断裂（水平方向或倾斜方向）　裂缝穿过柱翼缘或部分腹板
　　　　　　　(g)　　　　　　　　　　　　(h)

图 4-2　美国诺斯里奇地震中梁柱焊接连接处的失效模式（续）

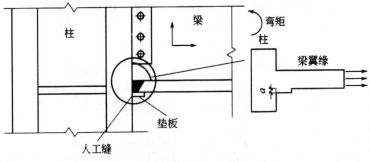

图 4-3　人工裂缝

　　图 4-4(a)是日本阪神地震中带有外伸横隔板的箱形柱与 H
型钢梁刚性节点的破坏形式,图 4-4(b)中的"1"代表了梁翼缘断
裂模式;"2"及"3"代表了焊缝热影响区的断裂模式;"4"代表柱横
隔板断裂模式。上述连接破坏时,梁翼缘已有显著的屈服或局部
屈曲现象。此外,连接裂缝主要向梁的一侧扩展,这主要和采用
外伸的横隔板构造有关。

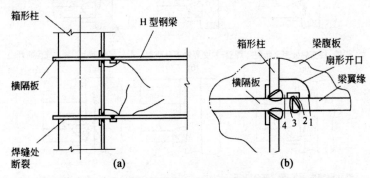

图 4-4　日本阪神地震中的连接破坏模式
(a)梁柱刚性连接;(b)焊接连接

（2）支撑连接破坏

采用螺栓连接的支撑破坏形式如图 4-5 所示，包括支撑截面削弱处的断裂、节点板端部剪切滑移破坏以及支撑杆件螺孔间剪切滑移破坏。

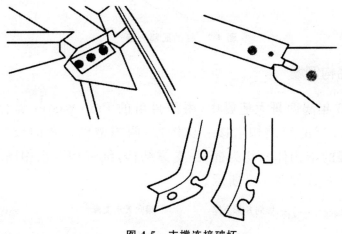

图 4-5　支撑连接破坏

2. 构件破坏

（1）支撑压屈

地震时支撑所受的压力超过其屈曲临界力时，即发生压屈破坏（图 4-6）。

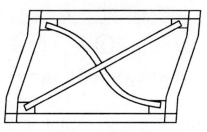

图 4-6　支撑的压屈

（2）梁柱局部失稳

梁或柱在地震作用下反复受弯，在弯矩最大截面处附近由于过度弯曲可能发生翼缘局部失稳现象，进而引发低周疲劳和断裂破坏（图 4-7），这在以往的震害中并不少见。

图 4-7　柱的局部失稳

3. 结构倒塌

1985 年墨西哥大地震中,墨西哥市的 Pino Suarez 综合大楼的三栋 22 层的钢结构塔楼一栋倒塌,两栋遭到严重的破坏。这三栋塔楼的结构体系均为框架-支撑结构,细部构造也相同,其结构的平面布置如图 4-8 所示。

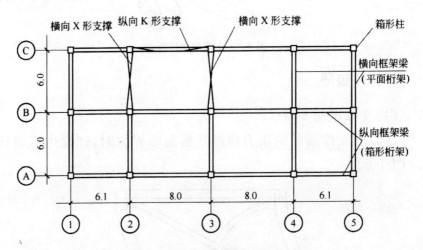

图 4-8　墨西哥大地震中塔楼结构平面布置

分析表明,造成这三栋大楼的破坏是由于纵横向垂直支撑偏位设置,导致刚度中心和质量重心相距太大,致使钢柱的作用力大于其承载力。由此可见,规则对称的结构体系对抗震将十分有利。

4.1.2　钢结构房屋的抗震性能分析

钢结构房屋的抗震性能好坏取决于结构体系构造、构件及其连接的抗震性能。

1. 框架体系

钢框架结构构造简单、传力明确,结构的抗震能力取决于塑性屈服机制以及梁(图 4-9)、柱(图 4-10)、节点(图 4-11)的耗能及延性性能(图 4-12)。需要注意的是,重力荷载及 P-δ 效应对结构抗震承载力和结构延性有较大影响(图 4-12,图 4-13),当层数较多时,控制结构性能的设计参数不再是构件的抗弯能力,而是结构的抗侧移刚度和延性。因此,从经济角度看,这种结构体系适合于建造 20 层以下的中低层房屋。

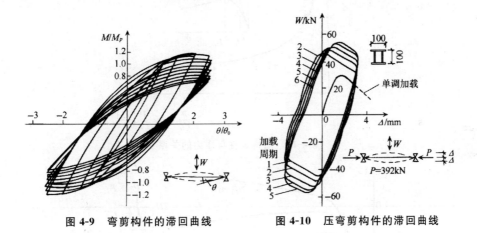

图 4-9　弯剪构件的滞回曲线　　图 4-10　压弯剪构件的滞回曲线

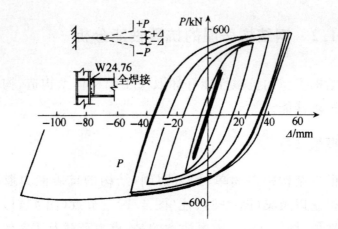

图 4-11　梁柱节点的荷载-变形曲线

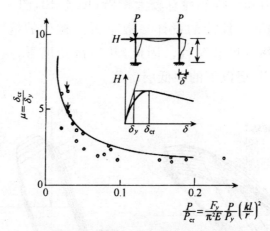

$$\frac{P}{P_{cr}} = \frac{F_y}{\pi^2 E} \frac{P}{P_y} \left(\frac{kl}{r}\right)^2$$

图 4-12　结构延性与压力的关系

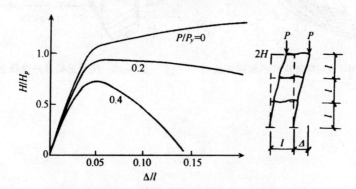

图 4-13　结构 $P\text{-}\delta$ 效应及其对结构抗震承载力的影响

2. 框架-支撑体系

钢框架-支撑体系可分为中心支撑类型（图 4-14）和偏心支撑类型（图 4-15）。

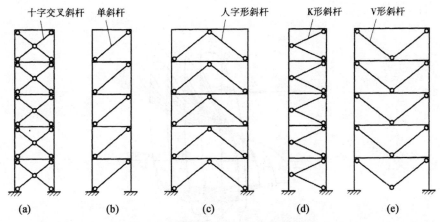

图 4-14　地震作用下中心支撑的类型

（a）X 形支撑；（b）单斜支撑；（c）人形支撑；（d）K 形支撑；（e）V 形支撑

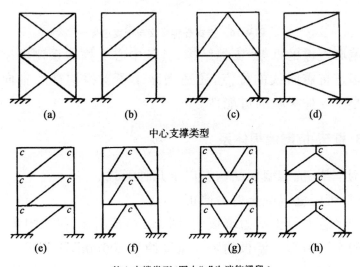

中心支撑类型

偏心支撑类型 [图中"*c*"为消能梁段]

图 4-15　常见的钢框架-支撑体系的构造

（a）交叉支撑；（b）单斜杆支撑；（c）人字支撑；（d）K 形支撑；（e）D 形偏心支撑；

（f）K 形偏心支撑；（g）V 形偏心支撑；（h）人字支撑

中心支撑结构使用中心支撑构件，增加了结构抗侧移刚度，可更有效地利用构件的强度,提高抗震能力,适合于建造更高的房屋结构。中心支撑框架结构构造简单,实际工程应用较多。但是,由于支撑构件刚度大,受力较大,容易发生整体或局部失稳,导致结构总体刚度和强度下降较快(图 4-16),不利于结构抗震能力的发挥。

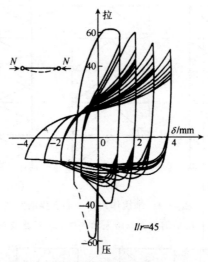

图 4-16 支撑杆件强度与刚度退化

偏心支撑的框架-支撑结构,具备中心支撑体系侧向刚度大、具有多道抗震防线的优点,还适当减小了支撑构件的轴向力,进而减小了支撑失稳的可能性。

3.框架-抗震墙板体系

钢框架-抗震墙板结构有以下几种形式。

(1)带竖缝混凝土剪力墙板

带竖缝混凝土剪力墙板式(图 4-17)预制板,仅承担水平荷载产生的水平剪力。墙板的竖缝宽度约为 100mm,缝的竖向长度约为墙板净高的 1/2,墙板内竖缝的水平间距约为墙板净高的 1/4。墙板与框架柱之间有缝隙,在墙板的上边缘以连接件与钢框架梁用高强螺栓连接,墙板下边缘留有齿槽,可将钢梁上的栓钉嵌入其中,并沿下边缘全长埋入现浇混凝土楼板内。

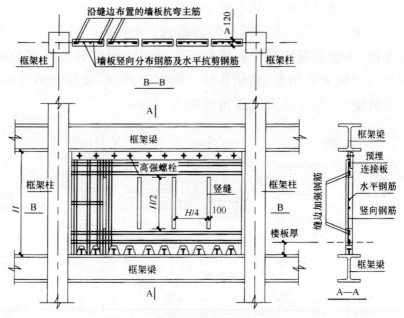

图 4-17　带竖缝的钢筋混凝土墙板

在强震下,带缝剪力墙板可进入屈服阶段并耗能(图 4-18)。这种结构具有多道抗震防线,其特点是刚度退化过程平缓,整体延性好。

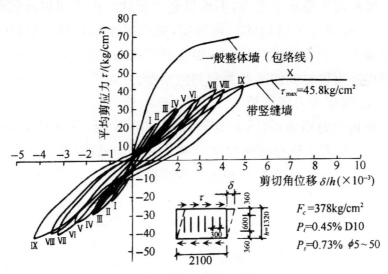

图 4-18　带缝剪力墙的抗震性能

（2）内藏钢板的钢筋混凝土剪力墙板

内藏钢板的钢筋混凝土剪力墙板（图 4-19）以钢板支撑为基本支撑、外包钢筋混凝土的预制板。预制墙板仅钢板支撑的上下端点与钢框架梁相连，其他各处与钢框架梁、框架柱均不连接，并留有缝隙（北京京城大厦预留缝隙为 25mm）。

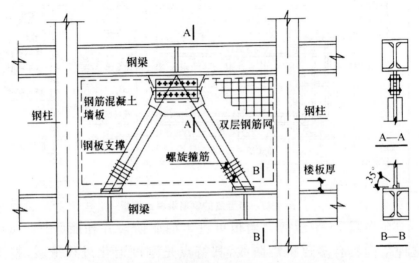

图 4-19　内藏钢板的钢筋混凝土剪力墙板

墙板仅承受水平剪力，不承担竖向荷载。由于墙板外包混凝土，相应地提高了结构的初始刚度，减小了水平位移。罕遇地震时混凝土开裂，侧向刚度减小，也起到了抗震耗能作用，同时钢板支撑仍能提供必要的承载力和侧向刚度。

（3）钢板剪力墙墙板

钢板剪力墙墙板（图 4-20）一般采用厚钢板，设防烈度 7 度及 7 度以上时需在钢板两侧焊接纵向及横向加劲肋（非抗震及 6 度时可不设），以增强钢板的稳定性和刚度。

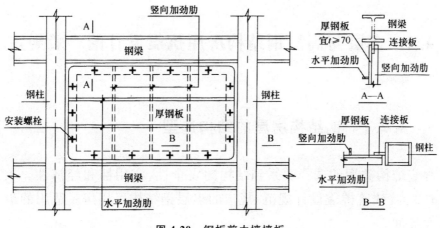

图 4-20　钢板剪力墙墙板

4.筒体体系

筒体结构体系因其具有较大的刚度和较强的抗侧力能力,能形成较大的使用空间,对于超高层建筑而言是一种经济有效的结构形式。根据筒体的布置、组成、数量的不同,筒体结构体系可分为框架筒、桁架筒、筒中筒以及束筒等(图 4-21、图 4-22)。

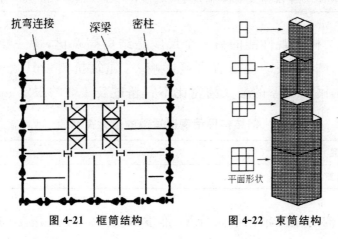

图 4-21　框筒结构　　　　图 4-22　束筒结构

4.2 多层与高层钢结构房屋抗震设计的一般规定

4.2.1 钢结构房屋的结构选型

结构类型的选择关系到结构的安全性、实用性和经济性。表4-2为《建筑抗震设计规范》规定的多层钢结构民用房屋适用的最大高度。

表 4-2　钢结构房屋适用的最大高度　　　（单位：m）

结构类型	设防烈度		
	6、7	8	9
框架	110	90	50
框架-支撑（抗震墙板）	220	200	140
筒体（框筒、筒中筒、桁架筒、束筒）和巨型框架	300	260	180

影响结构宏观性能的另一个尺度是结构高宽比，这一参数对结构刚度、侧移、振动模态有直接影响。《建筑抗震设计规范》规定，钢结构民用房屋的最大高宽比不宜超过表4-3的限定。

表 4-3　钢结构民用房屋适用的最大高宽比

烈度	6、7	8	9
最大高宽比	6.5	6.0	5.5

钢结构房屋应根据设防分类、烈度和房屋高度采用不同的抗震等级，并应符合相应的计算和构造措施要求。丙类建筑的抗震等级应按表4-4确定。

表 4-4　丙类建筑的抗震等级

房屋高度	烈度			
	6	7	8	9
≤50m	一	四	三	二
>50m	四	三	二	一

4.2.2　结构的平、立面布置

1. 平面布置

多、高层钢结构的平面布置宜符合下列要求。

①建筑平面宜简单规则,建筑的开间、进深宜统一。

②为避免地震作用下发生强烈的扭转振动或水平地震力在建筑平面上的不均匀分布,建筑平面的尺寸关系应符合表 4-5 和图 4-23 的要求。

表 4-5　L, l, l', B' 的限值

L/B	L/B_{max}	l/b	l'/B_{max}	B'/B_{max}
≤5	≤4	≤1.5	≥1	≤0.5

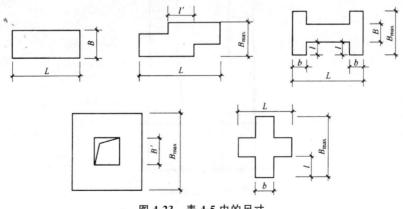

图 4-23　表 4-5 中的尺寸

③在平面布置上具有下列情况之一者,属平面不规则结构。

a.任一层的偏心率大于 0.15。偏心率可按下列公式计算:

$$\varepsilon_x = e_y/r_{ex} \quad \varepsilon_y = e_x/r_{ey} \tag{4-1}$$

$$r_{ex} = \sqrt{K_T / \sum K_x} \quad r_{ey} = \sqrt{K_T / \sum K_y} \tag{4-2}$$

式中,ε_x、ε_y 分别为所计算楼层在 z 和 y 方向的偏心率;e_x、e_y 分别为 x 和 y 方向水平作用合力线到结构刚心的距离;$\sum K_x$、$\sum K_y$ 分别为所计算楼层各抗侧力构件在 x 和 y 方向的侧向刚度之和;r_{ex}、r_{ey} 分别为 x 和 y 方向的弹性半径;K_T 表示所计算楼层的扭转刚度。

b.结构平面形状有凹角应超过该方向建筑总尺寸的 25%。

c.楼面不连续或刚度突变,包括开洞面积超过该层总面积的 50%。

2. 竖向布置

抗震设防的高层建筑钢结构,宜采用竖向规则的结构。在竖向布置上具有下列情况之一者,为竖向不规则结构。

①楼层刚度小于其相邻上层刚度的 70%,且连续三层总的刚度降低超过 50%。

②相邻楼层质量之比超过 1.5(建筑为轻屋盖时,顶层除外)。

③立面收进尺寸的比例为 $L_1/L < 0.75$(图 4-24)。

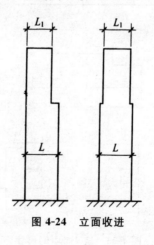

图 4-24　立面收进

3. 支撑、加强层的设置要求

在框架-支撑体系中,可使用中心支撑或偏心支撑,以减小结构可能出现的扭转。支撑框架之间楼盖的长宽比不宜大于3,以防止楼盖平面内变形对支撑抗侧刚度的准确估计有所影响。另外,还可以使用支撑构件改进结构刚度中心与质量中心偏差较大的情形(图 4-25)。

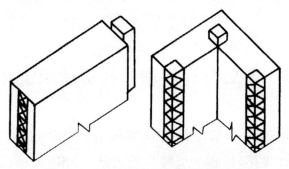

图 4-25　用支撑调整结构抗侧刚度分布

中心支撑构造简单、设计施工方便。在大震作用下产生的非线性变形可消耗一定的地震能量,但由于其力-位移曲线并不饱满,耗能并不理想。偏心支撑系统在小震及正常使用条件下与中心支撑体系具有相当的抗侧刚度,在大震条件下靠梁的受弯段耗能,具有与强柱弱梁型框架相当的耗能能力,但构造相对复杂。

设置加强层可提高结构总体抗侧刚度,减小侧移,增强周边框架对抵抗地震倾覆力矩的贡献,改善筒体、剪力墙的受力。图 4-26 说明,如使用简单的竖向支撑体系,对减小结构侧移的效果是有限的[图 4-26(b)],采取措施发挥边框架的作用对提高侧移刚度将有效果[图 4-26(c)],如果配合加强型桁架[图 4-26(d)]或设置加强层[图 4-26(e)],便能充分发挥周边框架对抵抗倾覆力矩的作用,抗侧刚度将大大加强。加强层可以使用筒体外伸臂或由加强桁架组成,可根据需要沿结构高度设置多处,工程上一般可结合防灾避难层设置。

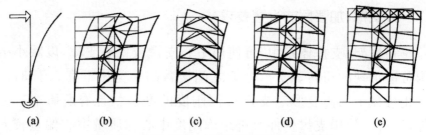

图 4-26　支撑、支撑＋加强层对抵抗侧移的作用
(a)倾覆力矩；(b)加设竖向斜撑；(c)利用边柱刚度；
(d)利用加强桁架；(e)利用加强层

4.3　多层与高层钢结构房屋抗震计算

多、高层钢结构房屋抗震计算包括钢结构房屋地震作用计算、截面抗震验算、抗震变形验算的方法、要求和一般规定。本节主要讨论多、高层钢结构计算模型的技术要点和结构抗震设计要点。

4.3.1　结构计算模型的技术要点

1. 阻尼比的取值

传统结构的抗震是以结构或构件的塑性变形来耗散地震能量的，而在结构中则采用赘余构件设置阻尼器(图 4-27)，赘余构件作为结构的分子系统，是耗散地震能量的主体，其在正常使用状态下，不起作用或基本不起作用，但在大震时，则可以最大限度吸收地震能力而赘余结构的破坏或损伤不影响或基本不影响主体结构的安全，从而起到了保护主体结构安全的作用。

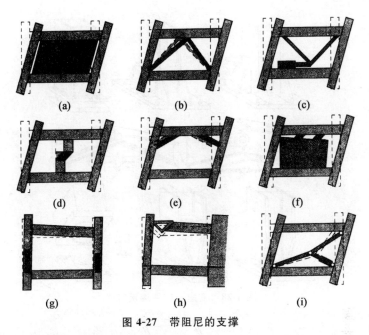

图 4-27　带阻尼的支撑

(a)墙体型；(b)支撑型；(c)剪切型；(d)柱间型；(e)局部支撑型；

(f)柱墙连接型；(g)柱型；(h)梁型；(i)增幅机构型

在多遇烈度地震下进行地震计算时，结构的黏弹性阻尼比可采用 0.035（不超过 12 层）或 0.02（12 层以上）；在罕遇烈度地震下，可采用 0.05。

2.构件、支撑、连接的模型

当对钢结构进行非弹性分析时，应根据杆件、连接、节点域的受力特点采用相应的滞回模型。

杆件模型要按实际设计构造确定计算单元之间的连接方式（如刚接、单向铰接、双向铰接）及边界条件（图 4-28），应考虑重力二阶效应。对不设中心支撑或结构总高度超过 12 层的工字形截面柱，宜考虑节点域剪切变形的影响。当考虑计入节点域剪切变形（图 4-29）对多、高层建筑钢结构位移的影响时，可将梁柱节点域当作一个单独的单元进行结构分析，该单元的刚度特性应根据实际情况确定。

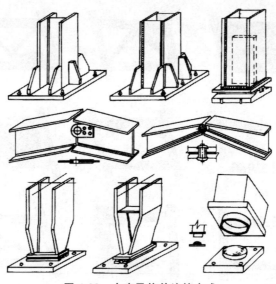

图 4-28　支座及构件连接方式

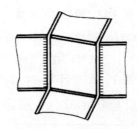

图 4-29　节点域剪切变形

　　支撑-框架结构的支撑斜杆需按刚接设计,也可按端部铰接杆计算。内藏钢支撑钢筋混凝土墙板和带竖缝钢筋混凝土墙板可按仅考虑承受水平荷载、不承受竖向荷载建立计算模型(包括单元连接构造和非弹性滞回关系)。偏心支撑框架中的耗能梁段应按单独的计算单元设置,并根据实际情况确定弹性刚度及非弹性滞回模型。

3. 对楼盖作用的考虑

　　计算模型对楼盖的模拟要区别不同情况:当楼板开洞较大、有错层、有较长外伸段、有脱开柱或整体性较差时,按实际情况建模;一般如无上述情况,可使用楼盖平面内绝对刚性的假定或分块刚度无穷大的假定。

对于钢-混凝土组合楼盖,在保证混凝土楼板与钢梁有可靠连接措施的情况下,可考虑混凝土楼板与钢梁的共同工作。这时楼板的有效宽度可按式(4-3)计算(图 4-30):

$$b_e = b_0 + b_1 + b_2 \qquad (4\text{-}3)$$

式中,b_0 为钢梁上翼缘宽度;b_1、b_2 为梁外侧、内侧的翼缘计算宽度,各取梁计算跨度的 1/6 和 6 倍翼缘板厚度的最小值,但 b_1 不应超过翼板实际外伸宽度 s_1;b_2 不应超过相邻梁板托间净距 s_0 的1/2。

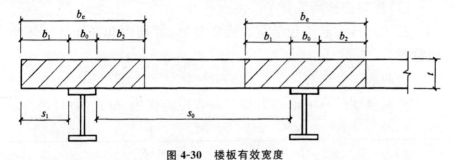

图 4-30　楼板有效宽度

在进行罕遇烈度下地震反应分析时,可不考虑楼板与梁的共同作用,但应计入楼盖的质量效应。

4.3.2　结构抗震设计要点

1. 地震作用效应的调整

由于《建筑抗震设计规范》规定了任一结构楼层水平地震剪力的最低要求,对于低于这一要求的计算结果,需将相应的地震作用效应按此要求进行调整。

对框架-支撑等多重抗侧力体系,应按多道防线的设计原则进行地震作用的调整。这样可以做到在第一道防线(如支撑)失效后,框架仍可提供相当的抗剪能力。

如果中心支撑框架的斜杆轴线偏离梁柱轴线交点,且在计算模型中没有考虑这种偏离而按中心支撑框架计算时,所计算的杆件内力应考虑实际偏离产生的附加弯矩。对人字形和 V 形支撑组合的内力设计值应乘以增大系数 1.5。

2. 承载力和稳定性验算

钢框架的承载能力和稳定性与梁柱构件、支撑构件、连接件、梁柱节点域都有直接关系。结构设计要体现强柱弱梁的原则,保证节点可靠性,实现合理的耗能机制。为此,需进行构件、节点承载力和稳定性验算。验算的主要内容有以下几点。

(1)框架柱抗震验算

框架柱抗震验算包括截面强度验算、平面内和平面外整体稳定验算。

1)截面强度验算

截面强度验算考虑轴力和双向弯矩的作用,按式(4-4)进行:

$$\frac{N}{A_n}+\frac{M_x}{\gamma_x W_{nx}}+\frac{M_y}{\gamma_y W_{ny}}\leqslant\frac{f}{\gamma_{RE}} \qquad (4\text{-}4)$$

式中,N、M_x、M_y 分别为构件的轴向力和绕 x 轴、y 轴的弯矩设计值;A_n 构件静截面面积;W_{nx}、W_{ny} 分别是对 x 轴和对 y 轴的静截面抵抗矩;γ_x、γ_y 构件截面塑性发展系数,按照国家标准《钢结构设计规范》取用;f 为钢材抗拉强度设计值;γ_{RE} 为框架柱承载力抗震调整系数,取 0.75。

2)平面内整体稳定验算

框架柱平面内整体稳定验算按式(4-5)进行:

$$\frac{N}{\varphi_x A}+\frac{\beta_{mx} M_x}{\gamma_x W_{lx}(1-0.8N/N_{ex})}\leqslant\frac{f}{\gamma_{RE}} \qquad (4\text{-}5)$$

式中,A 为构件毛截面面积;φ_x 为弯矩作用平面内轴心受压构件稳定系数;β_{mx} 为平面内等效弯矩系数,按照国家标准《钢结构设计规范》取用;W_{lx} 为弯矩作用平面内较大受压纤维的毛截面抵抗矩,按照国家标准《钢结构设计规范》取用;N_{ex} 为构件的欧拉临界力。

3)平面外整体稳定验算

框架柱平面外整体稳定验算按式(4-6)进行:

$$\frac{N}{\varphi_y A}+\frac{\beta_{tx} M_x}{\varphi_b W_{lx}}\leqslant\frac{f}{\gamma_{RE}} \tag{4-6}$$

式中，β_{tx} 为平面外等效弯矩系数，按照国家标准《钢结构设计规范》取用；φ_y 为弯矩作用平面内轴心受压构件稳定系数；φ_b 为均匀弯曲的受弯构件整体稳定系数，按照国家标准《钢结构设计规范》取用。

（2）框架梁抗震验算

框架梁抗震验算包括抗弯强度、抗剪强度验算以及整体稳定验算。

1）抗弯强度验算

框架梁的抗弯强度验算按式（4-7）进行：

$$\frac{M_x}{\gamma_x W_{nx}}\leqslant\frac{f}{\gamma_{RE}} \tag{4-7}$$

式中，M_x 为构件的 x 轴弯矩设计值；W_{nx} 为梁静截面对 x 轴的抵抗矩；f 为钢材抗拉强度设计值；γ_{RE} 为框架梁承载力抗震调整系数，取 0.75。

2）抗剪强度验算

框架梁的抗剪强度验算按式（4-8）进行：

$$\tau=\frac{VS}{It_w}\leqslant\frac{f_v}{\gamma_{RE}} \tag{4-8}$$

式中，V 为计算截面沿腹板平面作用的剪力；S 为计算点处的截面面积矩；I 为截面的毛截面惯性矩；t_w 为梁腹板厚度；f_v 为钢材抗剪强度设计值。

梁端部截面的抗剪强度尚需满足下式：

$$\tau=\frac{V}{A_{wn}}\leqslant\frac{f_v}{\gamma_{RE}} \tag{4-9}$$

式中，A_{wn} 为梁端腹板的静截面面积。

3）整体稳定验算

框架梁的整体稳定验算按式（4-10）进行：

$$\frac{M_x}{\varphi_b W_x}\leqslant\frac{f}{\gamma_{RE}} \tag{4-10}$$

式中，W_x 为梁对 x 轴的毛截面抵抗矩；φ_b 为均匀弯曲的受弯构件整体稳定系数，按照国家标准《钢结构设计规范》取用。

当梁上设置刚性铺板时，整体稳定验算可以省略。

(3)节点承载力与稳定性验算

节点是保证框架结构安全工作的前提。在梁柱节点处，要按强柱弱梁的原则验算节点承载力，保证强柱设计。同时，还要合理设计节点域，使其既具备一定的耗能能力，又不会引起过大的侧移。节点板厚度或柱腹板在节点域范围内的厚度的取值对此有较大影响。一般来说，在罕遇地震发生时框架屈服的顺序是节点域首先屈服，然后是梁出现塑性铰。

1)节点承载力验算

节点左右梁端和上下柱端的全塑性承载力应符合式(4-11)的要求，以保证强柱设计：

$$\sum W_{pc}\left(f_{yc} - \frac{N}{A_c}\right) \geqslant \eta \sum W_{pb} f_{yb} \qquad (4\text{-}11)$$

式中，W_{pc}、W_{pb} 分别为柱和梁的塑性截面模量；N 为柱轴向压力设计值；A_c 为柱截面面积；f_{yc}、f_{yb} 分别为柱和梁的钢材屈服强度；η 为强柱系数，超过 6 层的钢框架，6 度 IV 类场地和 7 度时可取 1.0,8 度时可取 1.05,9 度时可取 1.15。

2)节点域承载力验算

节点域的屈服承载力应符合下式要求，以选择合理的节点域厚度：

$$\frac{\Psi(M_{pb1} + M_{pb2})}{V_p} \leqslant \frac{4 f_v}{3} \qquad (4\text{-}12)$$

式中，V_p 为节点域体积，对工字形截面柱 $V_p = h_b h_c t_w$，对箱形截面柱 $V_p = 1.8 h_b h_c t_w$，h_b、h_c 分别为梁、柱腹板高度，t_w 为柱在节点域的腹板厚度；Ψ 为折减系数，6 度 IV 类场地和 7 度时可取 0.6,8、9度时可取 0.7;M_{pb1}、M_{pb2} 分别为节点域两侧梁的全塑性受弯承载力；f_v 为钢材抗剪强度设计值。

3)节点域稳定性验算

工字形截面柱和箱形截面柱的节点域应按下列公式验算节

点域的稳定性：

$$t_w \geqslant (h_b + h_c)/90 \qquad (4\text{-}13)$$

$$\frac{(M_{b1} + M_{b2})}{V_p} \leqslant \frac{4f_v}{3\gamma_{RE}} \qquad (4\text{-}14)$$

式中，M_{b1}、M_{b2} 分别为节点域两侧梁的弯矩设计值；γ_{RE} 为节点域承载力抗震调整系数，取 0.85。

（4）支撑构件承载力验算

支撑构件的承载力验算，支撑斜杆的受压承载力要考虑反复拉压加载下承载能力的降低，可按下式验算：

$$\frac{N}{\varphi A_{br}} \leqslant \frac{\Psi f}{\gamma_{RE}} \qquad (4\text{-}15)$$

$$\Psi = \frac{1}{1 + 0.35\lambda_n} \qquad (4\text{-}16)$$

$$\lambda_n = \frac{\lambda}{\pi} \sqrt{\frac{f_{ay}}{E}} \qquad (4\text{-}17)$$

式中，N 为支撑斜杆的轴向力设计值；A_{br} 为支撑斜杆的截面面积；φ 为轴心受压构件的稳定系数；Ψ 为受循环荷载时的强度降低系数；λ_n 为支撑斜杆的正则化长细比；E 为支撑斜杆材料的弹性模量；f_{ay} 为钢材屈服强度；γ_{RE} 为支撑承载力抗震调整系数。

（5）偏心支撑框架构件抗震承载力验算

偏心支撑消能梁段的受剪承载力应按下列公式验算：

当 $N \leqslant 0.15Af$ 时，

$$V \leqslant \frac{\beta V_l}{\gamma_{RE}} \qquad (4\text{-}18)$$

V_l 取 $0.58A_w f_{ay}$ 和 $2M_{lp}/a$ 中的较小值

$$A_w = (h - 2t_f)t_w$$

$$M_{lp} = W_p f$$

当 $N > 0.15Af$ 时，

$$V \leqslant \frac{\beta V_{lc}}{\gamma_{RE}} \qquad (4\text{-}19)$$

$$V_{lc} = 0.58A_w A_{ay} \sqrt{1 - \frac{N}{(Af)^2}} \qquad (4\text{-}20)$$

或

$$V_{lc} = 2.4M_{lp}\left(1 - \frac{N}{(Af)}\right)/a \qquad (4-21)$$

两者取小值。

式中,β 为系数,可取 0.9;V_1、V_{lc} 分别为消能梁段的受剪承载力和计入轴力影响的受剪承载力;M_{lp} 为消能梁段的全塑性受弯承载力;a、h、t_w、t_f 分别为消能梁段的长度、截面高度、腹板厚度和翼缘厚度;A、A_w 分别为消能梁段的截面面积和腹板截面面积;W_p 为消能梁段的塑性截面模量。

(6)构件及其连接的极限承载力验算

构件及连接的设计,应遵循强连接弱构件的原则,并进行极限承载力验算。

①进行梁与柱连接的弹性设计时,梁与柱连接的极限受弯、受剪承载力,应符合下列要求:

$$M_u \geqslant 1.2M_p \qquad (4-22)$$
$$V_u \geqslant 1.3(2M_p/l_n) \qquad (4-23)$$

且

$$V_u \geqslant 0.58h_w t_w f_{ay} \qquad (4-24)$$

式中,M_u 为梁上下翼缘全熔透坡口焊缝的极限受弯承载力;V_u 为梁腹板连接的极限受剪承载力;M_p 为梁的全塑性受弯承载力;l_n 为梁的净跨;h_w、t_w 分别为梁腹板的高度和厚度。

②支撑与框架的连接及支撑拼接的极限承载力,应符合下列要求:

$$N_{ubr} \geqslant 1.2A_n f_{ay} \qquad (4-25)$$

式中,N_{ubr} 为螺栓连接和节点板连接在支撑轴线方向的极限承载力;A_n 为支撑的截面净面积。

③梁、柱构件拼接的弹性设计,受剪承载力不应小于构件截面受剪承载力的 50%。拼接的极限承载力应符合下列要求:

$$V_u \geqslant 0.58h_w t_w f_{ay}$$

无轴向力时,

$$M_u \geqslant 1.2M_p \qquad (4-26)$$

有轴向力时，

$$M_u \geqslant 1.2M_{pc} \tag{4-27}$$

式中，V_u 分别为构件拼接的受剪承载力；M_{pc} 为构件有轴向力时的全截面受弯承载力。

拼接采用螺栓连接时，尚应符合下列要求：

翼缘：

$$nN_{cu}^b \geqslant 1.2A_f f_{ay} \tag{4-28}$$

且

$$nN_{vu}^b \geqslant 1.2A_f f_{ay} \tag{4-29}$$

腹板：

$$N_{cu}^b \geqslant \sqrt{(V_u/n)^2 + (N_M^b)^2} \tag{4-30}$$

且

$$N_{vu}^b \geqslant \sqrt{(V_u/n)^2 + (N_M^b)^2} \tag{4-31}$$

式中，N_{cu}^b、N_{vu}^b 分别为一个螺栓的极限受剪承载力和对应的板件极限承压力；A_f 为翼缘的有效截面面积；N_M^b 为腹板拼接中弯矩引起的一个螺栓的最大剪力；n 为翼缘拼接或腹板拼接一侧的螺栓数。

④梁、柱构件有轴力时的全截面受弯承载力，应按下列公式计算：

工字形截面（绕强轴）和箱形截面：

当 $N/N_y \leqslant 0.13$ 时，

$$M_{pc} = M_p \tag{4-32}$$

当 $N/N_y > 0.13$ 时，

$$M_{pc} = 1.15(1 - N/N_y)M_p \tag{4-33}$$

工字形截面（绕弱轴）：

当 $N/N_y \leqslant A_w/A$ 时，

$$M_{pc} = M_p \tag{4-34}$$

当 $N/N_y > A_w/A$ 时，

$$M_{pc} = \{1 - [(N - A_w f_{ay})/(N_y - A_w f_{ay})]^2\}M_p \tag{4-35}$$

式中，N_y 为构件轴向屈服承载力，取 $N_y = A_n f_{ay}$。

⑤焊缝的极限承载力应按下列公式计算：

对接焊缝受拉：

$$N_u = A_f^w f_u \qquad (4-36)$$

角焊缝受剪：

$$V_u = 0.58 A_f^w f_u \qquad (4-37)$$

式中，f_f^w 为焊缝的有效受力面积；f_u 为构件母材的抗拉强度最小值。

4.4　多层与高层钢结构房屋抗震构造措施

4.4.1　纯框架结构抗震构造措施

1. 框架柱的长细比

在一定的轴力作用下，柱的弯矩转角如图 4-31 所示。研究发现，由于几何非线性（P-δ 效应）的影响，柱的弯曲变形能力与柱的轴压比及柱的长细比有关（见图 4-32、图 4-33）。柱的轴压比与长细比越大，弯曲变形能力越小。因此，为保障钢框架抗震的变形能力，需对框架柱的轴压比及长细比进行限制。

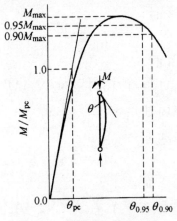

图 4-31　柱的弯矩转角关系

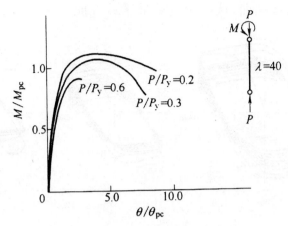

图 4-32　柱的变形能力与轴压比的关系

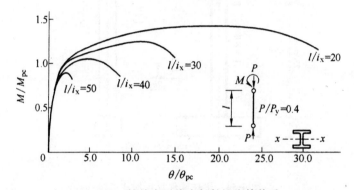

图 4-33　柱的变形能力与长细比的关系

我国现行规范目前对框架柱的轴压比没有提出要求,一般按重力荷载代表值作用下框架柱的地震组合轴力设计值计算的轴压比不大于 0.7。

对于框架柱的长细比,则应符合下列规定。

一级不应大于 $60\sqrt{235/f_y}$,二级不应大于 $80\sqrt{235/f_y}$,三级不应大于 $100\sqrt{235/f_y}$,四级不应大于 $120\sqrt{235/f_y}$。

2. 梁、柱板件宽厚比

图 4-34 是日本所做的一组梁柱试件,在反复加载下的受力变形情况。可见,随着构件板件宽厚比的增大,构件反复受载的承载能力与耗能能力将降低。其原因是,板件宽厚比越大,板件

越易发生局部屈曲,从而影响后继承载性能。

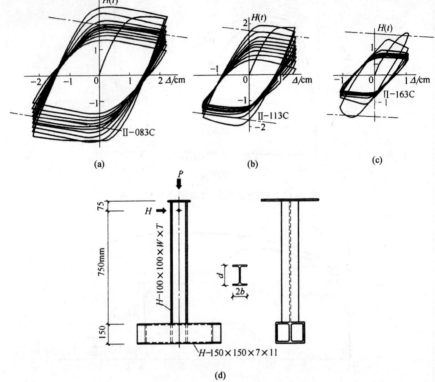

图 4-34　梁柱试件反复加载试验

(a)$b/t=8$;(b)$b/t=11$;(c)$b/6=16$;(d)试件

　　板件的宽厚比限制是构件局部稳定性的保证,考虑到"强柱弱梁"的设计思想,即要求塑性铰出现在梁上,框架柱一般不出现塑性铰。因此梁的板件宽厚比限值要求满足塑性设计要求,梁的板件宽厚比限值相对严些,框架柱的板件宽厚比相对松点。规范规定柱、梁的板件宽厚比应符合表 4-6、表 4-7 的规定。

表 4-6　框架的柱板件宽厚比限值

板件名称		抗震等级			
		一级	二级	三级	四级
柱	工字形截面翼缘外伸部分	10	11	12	13
	工字形截面腹板	43	45	48	52
	箱形截面壁板	33	36	38	10

注:表列数值适用于 Q235 钢,采用其他牌号钢材应乘以 $\sqrt{235/f_{ay}}$。

表 4-7　框架的梁板件宽厚比限值表

板件名称		抗震等级			
		一级	二级	三级	四级
梁	工字形截面和箱形截面翼缘外伸部分	9	9	10	11
	箱形截面翼缘在两腹板之间部分	30	30	32	36
	工字形截面和箱形截面腹板	$72\sim120$ $N_b/(Af)\leqslant60$	$72\sim100$ $N_b/(Af)\leqslant65$	$80\sim110$ $N_b/(Af)\leqslant70$	$80\sim120$ $N_b/(Af)\leqslant75$

注：1. 工字形梁和箱形梁的腹板宽厚比,对一、二、三、四级分别不宜大于 60、65、70、75。

2. 表列数值适用于 Q235 钢,采用其他牌号钢材应乘以 $\sqrt{235/f_{ay}}$。

3. $N_b/(Af)$ 梁轴压比。

3. 梁与柱的连接构造

①工字形柱(绕强轴)和箱形柱与梁刚接时(图 4-35)。

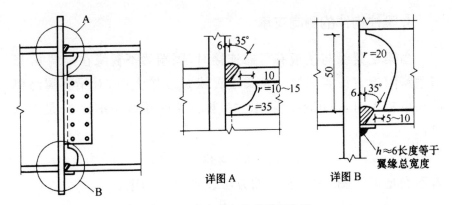

详图 A　　　详图 B

图 4-35　框架梁与柱的现场连接

②框架梁采用悬臂梁段与柱刚性连接时(图 4-36),悬臂梁段

与柱应采用全焊接连接;梁的现场拼接可采用翼缘焊接腹板螺栓连接[图 4-36(a)],或全部螺栓连接[图 4-36(b)]。

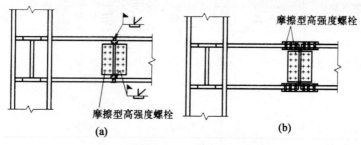

图 4-36　框架柱与梁悬臂段的连接

(a)翼缘焊接腹板螺栓连接;(b)全部螺栓连接

③在 8 度Ⅲ、Ⅳ场地和 9 度场地等强震地区,梁柱刚性连接可采用能将塑性铰自梁端外移的狗骨式节点(图 4-37)。

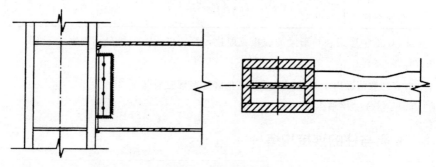

图 4-37　狗骨式节点

4. 梁柱构件的侧向支承

当梁上翼缘与楼板有可靠连接时,固端梁下翼缘在梁端 0.15 倍梁跨附近宜设置隅撑。若梁端翼缘宽度较大时,对梁下翼缘侧向约束较大时,也可不设隅撑。验算钢梁受压区长细比 λ_y 是否满足:

$$\lambda_y \leqslant 60\sqrt{235/f_y}$$

若不满足可按图 4-38 所示的方法设置侧向约束。

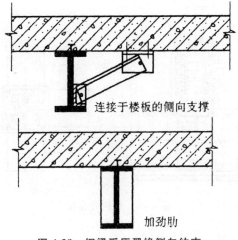

图 4-38　钢梁受压翼缘侧向约束

4.4.2　刚接柱脚的构造措施

高层钢结构刚性柱脚主要有埋入式、外包式以及外露式三种。外露式结构使用较少,故主要介绍前两种构造(图 4-39、图 4-40)所示。

在 1995 年日本阪神大地震中,埋入式柱脚的破坏较少,性能较好,所以常常利用到建筑中。

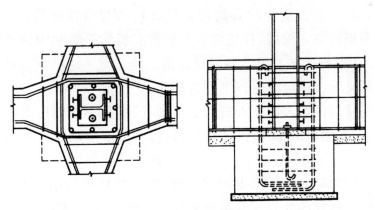

图 4-39　埋入式柱脚

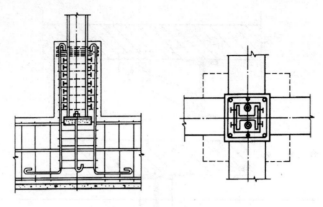

图 4-40　外包式柱脚

1. 埋入式柱脚

埋入式柱脚就是将钢柱埋置于混凝土基础梁中。其弹性设计阶段的抗弯强度和抗剪强度要满足式（4-38）和式（4-39）的要求。

$$\frac{M}{W} \leqslant f_{cc} \tag{4-38}$$

$$\left(\frac{2h_0}{d}+1\right)\left[1+\sqrt{1+\frac{1}{(2h_0/d+1)^2}}\right]\frac{V}{Bd} \leqslant f_{cc} \tag{4-39}$$

$$W = Bd^2/6$$

式中，M、V 为分别为柱脚的弯矩设计值和剪力设计值；B、h_0、d 分别为钢柱埋入深度、柱反弯点至柱脚底板的距离和钢柱翼缘宽度；f_{cc} 为混凝土轴心抗压强度设计值。

其设计中尚应满足以下构造要求：

①柱脚的埋入深度对轻型工字形柱，不得小于钢柱截面高度的 2 倍；对大截面 H 形钢柱和箱形柱，不得小于钢柱截面高度的 3 倍。

②柱脚钢柱翼缘的保护层厚度，对中间柱不得小于 180mm；对边柱和角柱的外侧不宜小于 250mm，如图 4-41 所示。

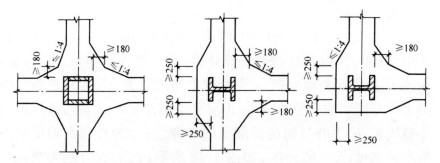

图 4-41　埋入式柱脚的保护层厚度

③柱脚钢柱四周,应按下列要求设置主筋和箍筋:

a. 主筋的截面面积应按公式(4-40)计算:

$$A_s = \frac{M_0}{d_0 f_{sy}} \qquad (4-40)$$

$$M_0 = M + Vd$$

式中,M_0 为作用于钢柱脚底部的弯矩;d_0 为受拉侧与受压侧纵向主筋合力点间的距离;f_{sy} 为钢筋抗拉强度设计值。

b. 主筋的最小配筋率为 0.2%,且不宜少于 $4\phi22$,并上端弯钩。主筋的锚固长度不应小于 $35d$(d 为钢筋直径),当主筋的中心距大于 200mm 时,应设置架立筋。

c. 箍筋宜为 $\phi10$,间距 100mm;在埋入部分的顶部,应配置不少于 $3\phi12$、间距 50 的加强箍筋。

2. 外包式柱脚

外包式柱脚就是在钢柱外面包以钢筋混凝土的柱脚。其弹性设计阶段的抗弯强度和抗剪强度要满足式(4-41)和式(4-42)的要求。

$$M \leqslant nA_s f_{sy} d_0 \qquad (4-41)$$

$$V - 0.4N \leqslant V_{rc} \qquad (4-42)$$

工字形截面

$$V_{rc} = b_{rc} h_0 (0.07 f_{cc} + 0.5 f_{ysh} \rho_{sh})$$

$$\text{或 } V_{rc} = b_{rc} h_0 (0.14 f_{cc} b_e / b_{rc} + f_{ysh} \rho_{sh})$$

两者中取较小值。

箱形截面

$$V_{rc} = b_e h_0 (0.07 f_{cc} + 0.5 f_{ysh} \rho_{sh})\qquad(4\text{-}43)$$

式中，M、V、N 分别柱脚弯矩设计值、剪力设计值和轴力设计值；A_s 根受拉主筋截面面积；n 为受拉主筋的根数；V_{rc} 为外包钢筋混凝土所分配到的受剪承载力，由混凝土粘结破坏或剪切破坏的最小值决定；b_{rc} 为外包钢筋混凝土的总宽度；b_e 为外包钢筋混凝土的有效宽度，$b_e = b_{e1} + b_{e2}$，如图 4-42 所示；f_{sy}、f_{ysh} 分别为受拉主筋和水平箍筋的抗拉强度设计值；ρ_{sh} 为水平箍筋配筋率；d_0 为受拉主筋重心至受压区主筋重心间的间距；h_0 为混凝土受压区边缘至受拉钢筋重心的距离。

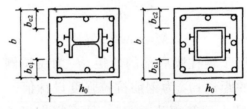

图 4-42　外包式柱脚截面

其设计中尚应满足以下主要构造要求：

①柱脚钢柱的外包高度，对工字形截面柱可取钢柱截面高度的 2.2～2.7 倍，对箱形截面柱可取钢柱截面高度的 2.7～3.2 倍。

②柱脚钢柱翼缘外侧的钢筋混凝土保护层厚度，一般不应小于 180mm；柱脚底板的厚度不宜小于 20mm。

③锚栓的直径范围一般可在 29～42mm。

4.4.3　钢框架-偏心支撑结构抗震构造措施

图 4-43 为钢框架-偏心支撑构造示意图。抗震构造设计思路是保证消能梁段延性、消能能力及板件局部稳定性，保证消能梁段在反复荷载作用下的滞回性能，保证偏心支撑杆件的整体稳定性、局部稳定性。

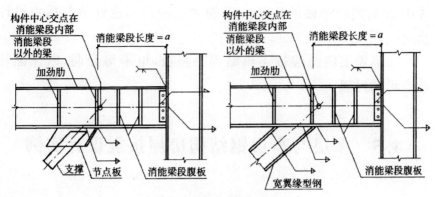

图 4-43　偏心支撑构造

1. 保证消能梁段延性及局部稳定

为使消能梁段有良好的延性和消能能力,偏心支撑框架消能梁段的钢材屈服强度不应大于 345MPa。消能梁段及与其在同跨内的非消能梁段,板件的宽厚比不应大于表 4-8 的规定。

表 4-8　偏心支撑框架梁板件宽厚比限值

板件名称		宽厚比限值
翼缘外伸部分		8
腹板	当 $N/Af \leqslant 0.14$ 时	$90[1-1.65N/(Af)]$
	当 $N/Af > 0.14$ 时	$33[2.3-N/(Af)]$

注:表列数值适用于 Q235 钢,采用其他牌号钢材应乘以 $\sqrt{235/f_{ay}}$。

2. 消能梁段构造要求

①为保证消能梁段具有良好的滞回性能,考虑消能梁段的轴力,限制该梁段的长度,当 $N > 0.16Af$ 时,消能梁段的长度 a 应符合下列规定:

当 $\rho(A_w/A) < 0.3$ 时

$$a < 1.6M_{lp}/V_1$$

当 $\rho(A_w/A) \geqslant 0.3$ 时

$$a \leqslant 1.6[1.15-0.5\rho(A_w/A)]M_{lp}/V_1$$

式中,a 为消能梁段的长度;ρ 消能梁段轴向力设计值与剪力设计值之比,$\rho = N/V$。

②消能梁段的腹板不得贴焊补强板,也不得开洞,以保证塑性变形的发展。

4.5　多层与高层钢结构房屋抗震设计实例

4.5.1　工程概况

某高层钢结构办公楼,建筑总高度为 57.6m,设防烈度为 8 度,设计基本地震加速度 0.2g,设计地震为第一组,Ⅲ类场地,采用钢框架中心支撑结构,其中支撑采用人字形布置,结构的几何尺寸如图 4-44 所示。结构中柱采用箱形柱,梁采用焊接 H 型钢,支撑采用轧制 H 型钢,具体的构件截面尺寸如表 4-9 所示。钢材型号为梁柱采用 Q345 钢,支撑采用 Q235 钢,楼板为 120mm 厚的压型钢板组合楼盖。试对该框架结构进行抗震验算。

表 4-9　结构构件的截面尺寸

边柱		中柱		框架梁		框架支撑	
层数	截面尺寸	层数	截面尺寸	层数	截面尺寸	层数	截面尺寸(轧制)
1~6	450×450×32	1~6	450×450×36	1~9	600×250×12×25	1~18	250×250×9×14
7~12	450×450×28	7~12	450×450×32	10~18	600×250×12×20		
13~18	450×450×24	13~18	450×450×28				

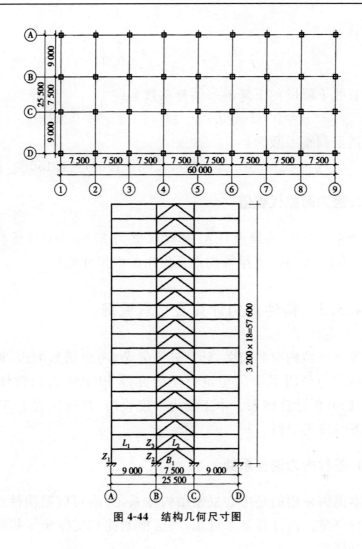

图 4-44　结构几何尺寸图

4.5.2　计算模型

本工程为规则结构,计算时考虑楼板与梁的共同作用,计算模型中梁的截面惯性矩取 $1.5I_b$,I_b 为钢梁的截面惯性矩。

1. 地震影响系数曲线的基本参数

水平地震影响系数最大值为 $\alpha_{\max}=0.16$,场地特征周期值为 $T_g=0.45s$,阻尼比为 $\xi=0.03$,则地震影响系数曲线下降段的衰减指数为：

$$\gamma = 0.9 + \frac{0.05 - \xi}{0.3 + 6\xi} = 0.94$$

直线下降段的下降斜率调整系数为：

$$\eta_1 = 0.02 + (0.05 - \xi)/(4 + 32\xi) = 0.024$$

阻尼调整系数为：

$$\eta_2 = 1.0 + (0.05 - \xi)/(0.08 + 1.6\xi) = 1.156$$

2. 重力荷载代表值

楼板、管道、吊顶及压型钢板自重为 3.5kN/m^2，活荷载为 2.0kN/m^2，梁、柱、支撑等构件自重由截面尺寸确定。

4.5.3　构件内力计算及抗震验算

本例题结构层数较多，计算较为复杂，考虑篇幅原因，框架内力及位移均采用了中国建筑科学研究院 PKPM 系列软件（STS 模块）的分析计算结果。本工程为 8 度设防，且高度大于 50m，其抗震等级应为二级。

1. 各种内力调整系数

本例因采用的是中心框架结构体系，只需对框架构件地震剪力进行调整。由计算结果可知，底层框架柱和支撑所承担的地震剪力分别为：

$$V_{框架} = 345200\text{N}, V_{支} = 615658\text{N}$$

$$V_{框架}/(V_{支} + V_{框架}) = 354200/(345200 + 615658) = 0.36 > 0.25$$

故地震剪力调整系数取 1.0。

2. 构件抗震验算

因篇幅所限，仅对图 4-44 中的 Z_1、Z_2、Z_3、L_1、L_2 和 B_1 等少数构件和节点域进行抗震验算，表 4-10 所列为这些构件组合的内力设计值。因为本工程是位于Ⅲ类场地、8 度设防、平面布置规则且风荷载不起控制作用的钢框架-中心支撑结构,所以构件的组合内力设计值中不考虑竖向地震作用和风荷载的作用。

构件的组合内力设计值 S 按下式进行组合计算:

$$S = \gamma_G S_{GE} + \gamma_{Eh} S_{Ehk}$$

式中,重力荷载分项系数 γ_G 取 1.2;水平地震作用分项系数 γ_{Eh} 取 1.3;S_{GE} 为重力荷载代表值的效应;S_{Ehk} 为水平地震作用标准值的效应,应乘以相应的增大系数或调整系数。

表 4-10 部分构件的组合内力设计值和截面参数

构件编号	是轴力 (kN)	剪力 (kN)	弯矩 (kN·m)	截面积 (m²)	W_{nx} (m³)	W_{ny} (m³)	W_{pc} (W_{pb}) (m³)	承载力抗震调整系数
Z_1	251.7	120.9	264.4	0.0535	6.96×10^{-3}	6.96×10^{-3}	8.403×10^{-3}	0.75
Z_2	3027.1	176.8	334.5	0.0596	7.63×10^{-3}	7.63×10^{-3}	9.279×10^{-3}	0.75
Z_3	2049	170.4	328.4	0.0596	7.63×10^{-3}	7.63×10^{-3}	9.279×10^{-3}	0375
L_1	—	133	339	0.0191	4.00×10^{-3}	5.22×10^{-4}	9.279×10^{-3}	0.75
L_2	—	159	308	0.0191	4.00×10^{-3}	5.22×10^{-4}	4.500×10^{-3}	0.75
B_1	536.2	—	—	9.218×10^{-3}	—	—	—	0.80

(1)框架柱 Z_1 的截面抗震验算

1)强度验算

假定 $A_n = 0.94A$,$W_{nx} = W_{ny} = 0.9W_x = 0.9W_y$,则

$$\frac{N}{A_n} + \frac{M_x}{\gamma_x M_{nx}} + \frac{M_y}{\gamma_x M_{ny}}$$

$$= \frac{3251.7 \times 10^3}{0.9 \times 0.0535 \times 10^6} + \frac{264.4 \times 10^6}{1.05 \times 0.9 \times 6.96 \times 10^6}$$

$$= 107.7 \times 10^6 \, \text{N/m}^2$$

$$\leqslant f/\gamma_{RE} = 295/0.75 = 393 \times 10^6 \, \text{N/m}^2$$

2)平面内稳定性验算

框架柱 Z_1 为结构的底层柱。根据 Z_1 顶端所连框架梁的线

刚度与柱线刚度的关系,查《钢结构设计规范》(GB50017)中的附表可得柱 Z_1 的计算长度系数 $\mu=1.5$,则

$$\lambda_x = \frac{\mu H}{i_x} = \frac{1.5 \times 3.2}{0.1711} = 28, \varphi_x = 0.922$$

$$\begin{aligned} N'_{ex} &= \pi^2 EA/(1.1\lambda_x^2) \\ &= \pi^2 \times 2.06 \times 10^5 \times 0.0535 \times 10^6/(1.1 \times 28^2) \\ &= 1.26 \times 10^5 \text{kN} \end{aligned}$$

$$\beta_{max} = 1.0$$

$$\begin{aligned} &\frac{N}{\varphi_x A} + \frac{\beta_{mx} M_x}{\gamma_x W_{1x}(1 - 0.8N/N'_{ex})} \\ =& \frac{3251.7 \times 10^3}{0.922 \times 0.0535 \times 10^6} \\ &+ \frac{1.0 \times 264.4 \times 10^6}{1.05 \times 6.69 \times 10^6 \left(1 - \dfrac{0.8 \times 3251.7 \times 10^3}{1.26 \times 10^8}\right)} \\ =& 102.8 < f/\gamma_{RE} = 369\text{N/mm}^2 \end{aligned}$$

3)平面外稳定性验算

本例假定平面外的计算长度系数也为 1.5,实际工程要根据实际情况计算,则:

$$\varphi_y = \varphi_x = 0.922, \beta_{tx} = 0.65 + 0.35M_2/M_1 = 0.86, \varphi_b = 1.0, \eta = 0.7$$

$$\frac{N}{\varphi_y A} + \eta \frac{\beta_{tx} M_X}{\varphi_b W_{1x}} = 96.6 < f/\gamma_{RE} = 369\text{N/mm}^2$$

故框架柱 Z_1 满足抗震要求。

(2)框架梁 L_1 截面抗震验算

因本例中结构的楼盖采用的是 120mm 厚的压型钢板组合楼盖,并与钢梁有可靠的连接,故不必验算整体稳定性,只需分别验算其抗弯强度和抗剪强度。

1)抗弯强度验算

假定 $W_{nx} = 0.9$,则

$$\begin{aligned} W_x \frac{M_x}{\gamma_x W_x} &= \frac{339 \times 10^6}{1.05 \times 0.9 \times 4.0 \times 10^6} \\ &= 89.68 \leqslant f/\gamma_{RE} = 369\text{N/mm}^2 \end{aligned}$$

2）抗剪强度验算

假定 $A_{wn}=0.85A_w$，则

$$\frac{V}{A_{wn}}=\frac{133\times10^3}{0.85\times(600-50)\times12}$$

$$=23.7(N/mm^2)<f_v/\gamma_{RE}$$

$$=\frac{170\times10^6}{0.75}=226.7N/mm^2$$

则框架梁 L_1 满足抗震要求。

（3）支撑受压承载力验算

支撑的抗震验算要进行受压承载力验算。支撑杆件所受轴力 $N=536.2kN$。

因 $i_y=60.8mm<i_x=103mm$，则 $\lambda=\frac{\sqrt{3.75^2+3.2^2}}{0.0608}=81$，$\varphi=0.681$。

$$\lambda_n=(\lambda/\pi)\sqrt{f_{ay}/E}=(81/3.14\sqrt{235/2.06\times10^5})\approx0.87$$

$$\varphi=1/(1+0.3\lambda_n5)=0.766$$

$$N/(\varphi A_{br})=\frac{536.2\times10^3}{0.681\times9.218\times10^3}=85.42N/mm^2$$

$$<\frac{\varphi f}{\gamma_{RE}}=205.9N/mm^2$$

则支撑构件 B_1 满足要求。

（4）与人字支撑相连的横梁 L_2 验算

横梁的验算按中间无支座的简支梁计算。

受压支撑的最大屈曲承载力 $N_压=\varphi A_{br}f_{ay}=1475.2kN$

受拉支撑的最小屈服承载力 $N_拉=A_{br}f_{ay}=2166.2kN$

支撑不平衡力为 $F=(N_拉-0.3N_压)\times3.2/\sqrt{3.75^2+3.2^2}=1.119\times10^3kN$

构件自重为 $q_{G1}=1.47\times10^3N/m$，楼板、吊顶等的等效重力荷载代表值为 $q_{G2}=3.15\times10^4N/m$，则

$$M_{max}=(q_{G1}+q_{G2})l^2/8+Fl/4=2.330\times10^3kN/m$$

$$V_{max}=(q_{G1}+q_{G2})l/2+F/2=6.83\times10^5N$$

$$\frac{M_x}{\gamma_x W_x} = 554.76 > f/\gamma_{RE} = 369 \text{N/mm}^2$$

$$V/A_w = 103.48(\text{N/mm}^2) < f_v/\gamma_{RE} = 226.7 \text{N/mm}^2$$

则横梁 L_2 抗弯强度不满足抗震要求,需采取一定的构造措施,如人字形支撑与 V 形支撑交替设置或设置拉链柱。

(5)钢框架梁柱节点全塑性承载力验算

本例仅对与 Z_2、L_1、L_2 等构件所连节点进行全塑性承载力验算。

$$\sum W_{pc}(f_{yc} - N/A_c) = 5.61 \times 10^9 (\text{N} \cdot \text{mm}) > \eta \sum W_{pb} f_{yb}$$
$$= 3.41 \times 10^9 \text{N} \cdot \text{mm}$$

则该节点满足全塑性承载力要求。

(6)节点域的抗剪强度、屈服承载力和稳定性验算

本例仅对与 Z_1、Z_2、L_1、L_2 等构件所连节点域进行抗震验算、其他节点域的验算方法一样。具体内容应对节点域进行抗剪强度、屈服承载力和稳定性验算。

1)抗剪强度验算

$$V_p = 1.8 h_{b1} h_{c1} t_w = 0.0135 \text{m}^3$$

$$(M_{b1} + M_{b2})/V_p = 47.9 \text{N/mm}^2 \leqslant (4/3) f_v/\gamma_{RE} = 320 \text{N/mm}^2$$

2)屈服承载力和稳定性验算

$$M_{pb1} = M_{pb2} = 1.55 \times 10^6 \text{N} \cdot \text{m}$$

$$\frac{\psi(M_{pb1} + M_{pb2})}{V_p} = 160 \text{N/mm}^2 \leqslant (4/3) f_{yv} = 266.8 \text{N/mm}^2$$

$$t_w = 0.036 \geqslant \frac{h_c + h_b}{90} = 0.01$$

故该节点域满足抗震要求。

(7)抗震变形验算

根据 PKPM 软件计算结果,最大层间位移为 0.00343m,则:

$$\Delta u_{emax} = 0.00343\text{m} < [\theta_e]h = 0.0128\text{m}$$

故该结构在多遇地震作用下变形满足抗震要求。

第 5 章 单层厂房抗震设计

单层厂房在工业建筑的应用范围较广,与其他结构相比,总体看来,单层厂房的震害要相对轻一些,且主要是围护结构的破坏。只要设计得当,单层厂房就能具备较好的抗震性能。

5.1 单层厂房的震害及其分析

单层厂房的震害不仅受到地震强度的影响,还与场地类别以及厂房所使用的材料和结构形式有一定的关系。

5.1.1 房盖系统震害及其分析

单层厂房的屋盖,尤其是重型屋盖,集中了厂房的大部分质量,受地震作用很大,是厂房主体最易遭受破坏的部位。单层厂房屋盖分为无檩体系和有檩体系,多数采用的是无檩屋盖,即大型屋面板,少数采用有檩屋盖。相比而言,在地震作用下,无檩屋盖的破坏较为严重。

1. 无檩屋盖

无檩屋盖的大型屋面板在地震作用(主要为纵向地震作用)下,与屋架上弦的连接发生破坏,从而错动移位,在地震烈度为 7 度时,就有可能发生此现象;再高一级时,发生错动的现象的概率大大提升;倘若发生 9 度及其以上地震烈度时,屋面板就会因移位距离过大而跌落,极易造成损害。另外,靠近柱间支撑的屋架端部,屋面板主助发生斜裂缝,因为该处屋面板传递的地震力最大。由于屋架上弦失去平面外支撑而失稳倾斜,甚至倒塌(图 5-1)。

图 5-1　屋架倒塌

2. 天窗架

下沉式天窗,在地震中一般无震害,性能明显优于突出屋顶天窗。由于"鞭梢效应"的影响,突出屋顶的天窗是最容易破坏的部位,是抗震不利的部位。因为天窗架刚度远小于主体结构,且突出于屋面以上,地震作用较大。在地震作用下,如果天窗架垂直支撑设计不合理,会引起支撑杆件的压屈失稳、折断,还会引起支撑与天窗架之间连接的失效(如焊缝拉断、钢板与锚筋脱开及预埋件拔出),所有这些均可以导致天窗架平面外失稳倾斜,甚至倒塌而砸塌屋面板。

天窗架的主要破坏现象是天窗架立柱根部水平开裂或折断。另外,天窗架纵向支撑不足会引起支撑杆件压屈失稳,导致天窗架发生倾斜甚至倒塌。

3. 屋架

在地震作用下屋架震害表现为:屋架端节间上弦杆剪断及梯形屋架端头竖杆水平剪断;屋架端部支承大型屋面板的支墩被切断或预埋件松胶。另外,屋架的平面外支撑(如屋面板)失效时,也可能引起屋架倾斜倒塌。

4. 有檩屋盖

有檩体系的震害比无檩体系轻。主要表现为屋面檩条的移位、下滑和塌落。此震害产生的主要原因是屋架与檩条之间连接不好,尤其在屋面坡度较大的情况下,更易造成移位和下滑。如海城地震中鞍山某厂和唐山地震中天津某厂,均发生屋面瓦大量塌落的震害;而屋面支撑系统完整且屋面瓦与檩条、檩条与屋架牢固拉结的,甚至在唐山地震中的 10 度区,屋盖也基本完好。

5.1.2　排架柱震害及其分析

1. 上柱头及其与屋架的连接破坏

厂房屋盖的竖向荷载以及地震时屋盖的水平地震作用通过屋架(屋面梁)与柱头间的连接节点传递到排架柱。当此处连接焊缝或者预埋件锚固筋的锚固强度不足时,会产生焊缝切断或锚固筋被拔出;如果柱头本身承载力不足,其混凝土在剪压复合作用下会出现斜裂缝,引起混凝土劈裂或酥碎[图 5-2(a)],尤其是柱间支撑的柱头,吸收的水平地震力更大,更易发生这种震害。柱头部位的这些破坏可以导致屋架坠落。

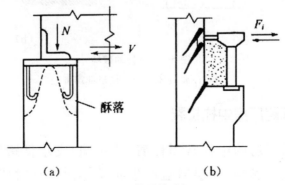

图 5-2　柱子的破坏

(a)屋架与柱头破坏;(b)上柱根部震害

2.上柱根部和吊车梁顶面处的破坏

此现象常发生在柱根部或吊车梁面标高处。上柱截面较弱，屋盖及吊车的横向水平地震作用使上柱根部和吊车梁顶面处的弯矩和剪力较大，且这些部位应力集中，因而易产生斜裂缝与水平裂缝，甚至断裂[图 5-2(b)]。

3.下柱的破坏

下柱最常见的破坏发生在靠近地面处，在此处出现水平裂缝[图 5-3(b)]。厂房刚性地面对下柱有嵌固作用，而在下柱靠近地面处弯矩很大，因而出现水平裂缝，严重时可使混凝土剥落，纵筋压曲。在 9 度以上高烈度区也曾发生过柱根折断使厂房倒塌的例子。此外，开孔的薄壁工型柱、平腹杆双肢柱在抗剪承载力不足时分别出现工型柱腹板的交叉斜裂缝和双肢柱的水平裂缝。

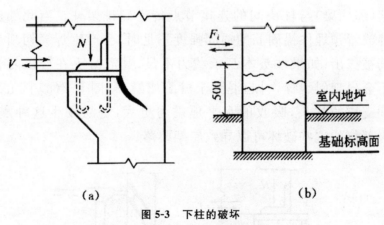

(a)   (b)

图 5-3 下柱的破坏

(a)柱肩破坏；(b)下柱根部震害

4.高低跨厂房中柱拉裂

高低跨厂房的中柱常用柱肩（或牛腿）支承低跨屋架。地震时由于高振型影响，两层屋盖产生相反方向运动时使柱肩（或牛腿）受到较大的水平拉力，可导致该处拉裂，如图 5-3(a)所示。

5.1.3　支撑系统震害及其分析

厂房的纵向刚度主要取决于支撑系统,纵向地震作用主要由支撑体系承担。支撑系统若未经抗震设计,而按构造设置,当支撑数量不足或支撑杆长细比过大时,撑杆会被压曲;当支撑连接节点薄弱时,会发生节点脱焊、锚件被拔出等震害。如果支撑体系部分失效或完全失效,则将使主体结构错位或倾倒。

柱间支撑是厂房纵向的主要抗侧力构件。非抗震设计时,支撑一般按构造设置,在数量、刚度、承载力及节点连接构造方面若按抗震要求都显得薄弱,在 8 度及 8 度以上地震时发生支撑杆压屈或支撑与柱的连接节点拉脱。

5.1.4　围护墙震害及其分析

作为围护结构的纵墙和山墙(主要指砌体围护墙)是单层厂房在地震时破坏较早和较多的部位,随地震烈度的不同,出现开裂、外闪、局部倒塌和大面积倒塌(图 5-4)。造成围护墙破坏的原因是墙体本身的抗震承载能力和变形能力差、墙体较大且与主体结构缺乏可靠的拉结等。

图 5-4　墙体倒塌

震害调查表明,砌体围护墙,尤其是山墙,凡与柱没形成牢固拉结或山墙抗风柱不到顶的,在 6 度时就可能外倾或倒塌;封檐墙和山墙的山尖部分由于鞭梢效应的影响,动力反应大,在地震中往往破坏较早也较重;对采用钢筋混凝土大型墙板与柱柔性连接,或采用轻质墙板围护墙的厂房结构,在8、9度时也基本完好,显示出良好的抗震性能。

5.1.5　其他震害及其分析

①由于厂房平面布置不利或因内部设备、平台支架的影响,使厂房沿纵向或横向的刚度中心与质量中心偏离较多而产生扭转,导致角柱震害加重。

②与厂房贴建的砌体结构,由于与厂房的侧移刚度相差大,地震时变形不协调,产生相应的一些震害。

单层钢结构厂房一般具有良好的抗震性能,在7～9度下未发现主体结构有明显损伤,主要震害有:支撑系统的杆件压屈和连接破坏、钢柱柱脚支座的连接破坏、围护墙开裂等。

单层砖柱厂房抗震性能远不如单层钢筋混凝土柱厂房和单层钢结构厂房。砖柱抗弯承载力低,是最薄弱的部位,也是厂房倒塌的主要原因;山墙和承重纵墙主要发生平面外弯曲破坏、倾倒;山墙与檩条、屋架与砖柱之间由于连接脆弱,发生水平错位;还有屋架杆件破坏、屋面瓦(板)掉落等其他一些震害现象。

5.2　单层钢筋混凝土柱厂房抗震设计

5.2.1　抗震设计的一般规定

1.厂房的结构布置

单层厂房的结构布置不仅要满足一般房屋的建设要求,根据自身的结构特性,还必须要满足如图5-5所示的建设要求。

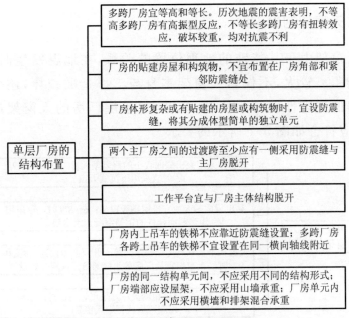

图 5-5　单层厂房的结构布置

2. 厂房屋架的设置

应尽量减轻屋架的重量以减小地震作用，并应使结构构件自身有较好的抗震性能，有利于提高厂房的整体抗震能力。单层厂房屋架的设置一般应满足如图 5-6 所示的状况。

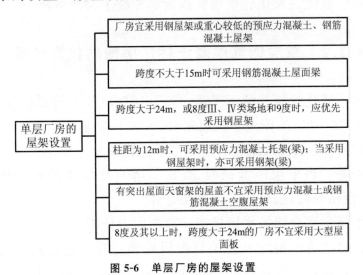

图 5-6　单层厂房的屋架设置

3. 天窗架的设置

天窗架由于其特殊的地理位置的关系,在地震发生时,发生位移的距离较大,不仅对天窗架本身与支撑造成破坏,还会对整个厂房的抗震性能产生影响,因此,对单层厂房的天窗架进行设置时,应符合如图 5-7 所示的要求。

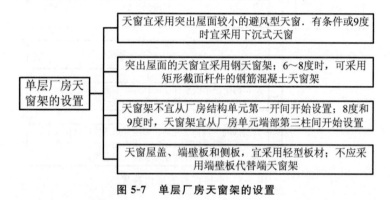

图 5-7　单层厂房天窗架的设置

4. 围护结构的设置

厂房的围护结构常采用砖墙或大型墙板方案。震害表明,围护砖墙的震害较重,而大型墙板厂房则震害较轻,或震后基本完好,为此,宜优先采用轻质墙板或钢筋混凝土大型墙板。

5.2.2　单层钢筋混凝土柱厂房横向抗震计算

为了简化计算并便于手算,当厂房符合《建筑抗震设计规范》(GB50011-2010)附录 J 的规定时,可按平面排架计算,并按附录 J 的规定对排架柱的地震剪力和弯矩进行调整以减小简化计算带来的误差。当采用压型钢板、瓦楞铁等有檩屋盖的轻型屋盖厂房,柱距相等时,也可按平面排架计算。

下面主要介绍按平面排架计算的内力分析方法。

值得注意的是计算排架自振周期和计算其地震作用时采用的计算假定不一样,因而两者的计算简图和重力荷载代表值也有区别,应分别考虑。

对于单层厂房通常取一个柱距的单榀排架作为计算单元进行抗震计算,如图 5-8 所示。

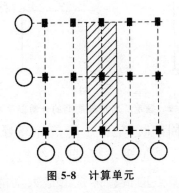

图 5-8　计算单元

1. 确定自振周期时计算简图和重力荷载

对单层厂房横向抗震的自振周期进行计算时,可依据厂房类型的不同采用不同的计算简图。如图 5-9 所示。

①等高排架可简化为单自由度体系,如图 5-9(a)所示。

②不等高排架,可按不同高度处屋盖的数量和屋盖之间的连接方式,简化成多自由度体系,如图 5-9(b)所示。

③当有三个高度处时,简化为三质点体系,如图 5-9(c)所示。

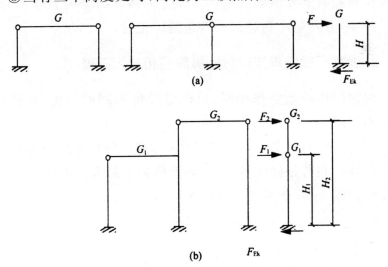

图 5-9　确定厂房自振周期的计算简图

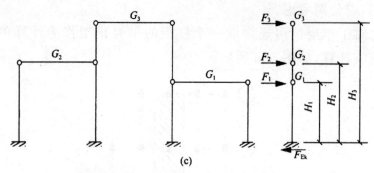

图 5-9　确定厂房自振周期的计算简图(续)

计算厂房自振周期时,集中于屋盖标高处的质点等效重力荷载代表值根据动能等效原理求得,即原结构体系的最大动能 U_{max} 与质量集中到柱顶质点的折算体系的最大动能 $\overline{U}_{max}$ 相等的原理。

集中于第 i 屋盖处的重力荷载代表值为

$$G_i = 1.0G_{屋盖} + 0.5G_{雪} + 0.5G_{积灰} + 1.0G_{悬挂} + 0.5G_{吊车梁}$$
$$+ 0.25G_{柱} + 0.25G_{纵墙} + 0.5G_{悬墙}$$

式中,$1.0G_{屋盖}$ 为屋盖结构自重,$1.0G_{悬挂}$ 为屋盖悬挂荷载,$0.5G_{雪}$ 为可变荷载组合值系数后的雪荷载,$0.5G_{积灰}$ 为屋面积灰荷载;$0.5G_{吊车梁}$ 乘以动力等效(即基本周期等效)换算系数的吊车梁自重,$0.25G_{柱}$ 乘以动力等效换算系数的柱自重,$0.25G_{纵墙}$ 乘以动力等效换算系数的外纵墙自重;$0.5G_{悬墙}$ 为高低跨处的悬墙重,假定上下各半,分别集中到高跨和低跨的屋盖处。

2. 确定厂房地震作用时计算简图和重力荷载

确定厂房的地震作用时,对内部设施不同的厂房,其计算简图也不相同。

厂房内部有对等高有桥式吊车时,需要额外考虑吊车桥架的重力荷载。假若是硬钩吊车,还需要附加上最大吊重的 30%。一般按照如图 5-10 所示的计算简图进行计算。

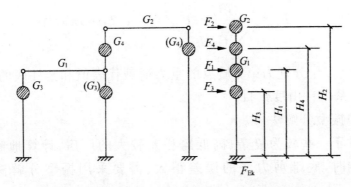

图 5-10　确定有桥式吊车厂房地震作用时的计算简图

应注意的是该计算简图只在计算地震作用时才有效果。因为在计算其结构动力特性时,这种模型的结果不够准确。

集中于第 i 屋盖处的重力荷载代表值为

$$G_i = 1.0G_{屋盖} + 0.5G_{雪} + 0.5G_{积灰} + 1.0G_{悬挂} + 0.75G_{吊车梁}$$
$$+ 0.5G_{柱} + 0.5G_{纵墙} + 0.5G_{悬墙}$$

$0.75G_{吊车梁}$ 为吊车梁换算至第 i 屋盖处的等效重量,$0.5G_{柱}$ 为柱换算至第 i 屋盖处的等效重量,$0.5G_{纵墙}$ 为纵墙换算至第 i 屋盖处的等效重量。

3. 横向水平地震作用计算与调整

(1)排架的横向水平地震作用计算

1)底部剪力法

一般情况下,单层厂房的排架的横向水平地震作用可按底部剪力法进行计算。

作用于排架底部的总水平地震作用标准值为

$$F_{ek} = \alpha_1 G_{eq}$$

式中,α_1 为相应于结构基本周期 T_1 的地震影响系数 α 值;G_{eq} 为结构等效的总重力载荷,单质点时取 G_E,多质点取 $0.85G_E$,$G_E = \sum_{i=1}^{n} G_i$,G_i 为集中于 i 点的重力荷载代表值。

作用于第 i 屋盖处的横向水平地震作用标准值 F_i 为

$$F_i = \frac{G_i H_i}{\sum\limits_{j=1}^{n} G_j H_j} F_{\text{ek}} (i = 1, 2, \cdots, n)$$

式中，G_i，H_i 分别为第 i 质点的重力荷载代表值和至柱底的距离；n 为体系的自由度数目。

2）振型分解法

对于一些较为复杂、高低跨相差较大的厂房，计算地震作用的影响时，底部剪力法的误差很大，需要采用振型分解法进行计算。

对二质点的高低跨排架，用柔度法计算较方便，相应的振型分解法的计算步骤如下：

①计算平面排架各振型的自振周期、振型幅值和振型参与系数。

记二质点的水平位移坐标分别为 x_1 和 x_2，其质量分别为 m_1 和 m_2，第一、二振型的圆频率分别为 ω_1 和 ω_2，则有

$$\frac{1}{\omega_{12}^2} = \frac{1}{2} \left[(m_1 \delta_{11} + m_2 \delta_{22}) \pm \sqrt{(m_1 \delta_{11} - m_2 \delta_{22})^2 + 4 m_1 m_2 \delta_{12} \delta_{21}} \right]$$

取 $\omega_1 < \omega_2$，则第一、二自振周期分别为

$$T_1 = \frac{2\pi}{\omega_1}, T_2 = \frac{2\pi}{\omega_2}$$

记第 i 振型第 j 点的幅值为 $X_{ij}(i, j = 1, 2)$，则有

$$\left.\begin{array}{l} X_{ij} = 1, X_{12} = \dfrac{1 - m_1 \delta_{11} \omega_1^2}{m_2 \delta_{12} \omega_1^2} \\[4mm] X_{21} = 1, X_{22} = \dfrac{1 - m_1 \delta_{11} \omega_2^2}{m_2 \delta_{12} \omega_2^2} \end{array}\right\}$$

第一、二振型参与系数

$$\left.\begin{array}{l} y_1 = \dfrac{m_1 X_{11} + m_2 X_{12}}{m_1 X_{11}^2 + m_2 X_{12}^2} \\[4mm] y_2 = \dfrac{m_1 X_{21} + m_2 X_{22}}{m_1 X_{21}^2 + m_2 X_{22}^2} \end{array}\right\}$$

②计算各振型的地震作用和地震内力。

记第 i 振型第 j 质点的地震作用为 F_{ij}，则有

$$F_{ij}=\alpha_i r_i X_{ij} G_j (i,j=1,2)$$

$$\left.\begin{array}{l} F_{11}=\alpha_1 r_1 X_{11} G_1 \\ F_{12}=\alpha_1 r_1 X_{12} G_1 \\ F_{21}=\alpha_2 r_2 X_{21} G_1 \\ F_{22}=\alpha_2 r_2 X_{22} G_2 \end{array}\right\}$$

然后按结构力学方法求出各振型的地震内力。

3）排架地震作用效应的调整

考虑到厂房排架之间的空间作用、厂房平面不均匀产生的扭转影响、吊车位置对局部排架受力的影响以及突出屋面天窗架对地震作用分布的影响，上述计算结果必须进行调整才能符合实际情况。

①考虑空间作用及扭转影响的调整。

从横向水平地震作用分配的角度，可将屋盖平面结构视为连续深梁，将各侧向排架视为梁的弹性支座（图 5-11）。若假定屋盖在平面内具有无限刚性、各排架侧向刚度相同、厂房两端无山墙（中间也无隔墙），则支承连续梁（即屋盖）的弹性支承（即排架）在横向水平地震作用下的侧移便是均匀的（Δ_0），弹性支座所受到的作用力沿厂房纵向的分布也是均匀的。此时可认为各排架均匀受力，互不影响，无空间相互作用发生[图 5-11（a）]。显然，这只是假设的特殊情况。

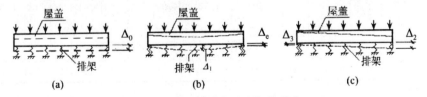

图 5-11　厂房的空间作用和扭转效应

（a）两端无山墙；（b）两端有山墙；（c）一端有山墙

当厂房两端有山墙时，排架柱顶所受作用力的分布也是不均匀的，排架和山墙间的受力相互影响，这就出现了所谓空间作用

[图 5-11(b)]。这时,中间排架柱顶侧移 Δ_1 最大,山墙顶侧移 Δ_e 最小,且 $\Delta_e \approx 0$。山墙间距愈小,Δ_1/Δ_0 的值愈小,则厂房空间作用愈明显,各排架实际承受的地震作用将比平面排架简化计算结果要小。

如果两端山墙的侧移刚度相差较大,或只有一端有山墙,则除了存在空间作用之外,还会产生扭转效应。其结果是无墙一端的柱顶侧移 $\Delta_2 > \Delta_0$,有墙一端的柱顶侧移 $\Delta_3 < \Delta_0$ [图 5-11(c)]。这时,各排架柱实际承受的地震作用也不同于平面排架简化计算结果。

根据以上分析,规范规定,厂房按平面铰接排架进行横向地震作用计算时,对钢筋混凝土屋盖等高厂房排架柱和不等高厂房排架柱(高低跨交接处的上柱除外),各截面的地震作用效应(弯矩、剪力)均应考虑空间作用与扭转效应,按表 5-1 中规定的系数进行调整。

表 5-1　钢筋混凝土柱(高低跨交接处上柱除外)考虑空间工作
和扭转影响的效应调整系数

屋盖	山	墙	屋盖长度/m											
			≤30	36	42	48	54	60	66	72	78	84	90	96
钢筋混凝土无檩屋盖	两端山墙	等高厂房			0.75	0.75	0.75	0.80	0.80	0.80	0.85	0.85	0.85	0.90
		不等高厂房			0.85	0.85	0.85	0.90	0.90	0.90	0.95	0.95	0.95	1.00
	一端山墙		1.05	1.15	1.20	1.25	1.30	1.30	1.30	1.30	1.35	1.35	1.35	1.35
钢筋混凝土有檩屋盖	两端山墙	等高厂房			0.80	0.85	0.90	0.95	0.95	1.00	1.00	1.05	1.05	1.10
		不等高厂房			0.85	0.90	0.95	1.00	1.00	1.05	1.05	1.10	1.10	1.15
	一端山墙		1.00	1.05	1.10	1.10	1.15	1.15	1.15	1.20	1.20	1.20	1.25	1.25

②吊车桥引起的地震作用效应增大系数。在发生地震时,吊车桥的质量已经足够影响到厂房的振动了,会对吊车所在排架产生局部影响,加重震害。因此,计算时应乘以增大系数。当按底部剪力法等简化方法计算时,增大系数可按表 5-2 采用。

表 5-2　吊车桥架引起的地震剪力和弯矩增大系数

屋盖类型	山墙	高低跨柱	边柱	其他中柱
钢筋混凝土 无檩屋盖	一端山墙	2.0	1.5	2.5
	两端山墙	2.5	2.0	3.0
钢筋混凝土 有檩屋盖	一端山墙	2.0	1.5	2.0
	两端山墙	2.0	1.5	2.5

若为不等高厂房,还要把高低跨交接柱支承低跨屋盖的牛腿面以上各截面的地震内力乘以增大系数。因为高低跨交接处的上柱由于高振型的影响将产生较大的变形和内力。

(2)天窗架的横向水平地震作用计算

天窗架的横向水平地震作用 F_{sl} 可按下式计算:

$$F_{sl} = \frac{G_{sl}H_{sl}}{\sum\limits_{j=1}^{n} G_j H_j} F_{ek}$$

式中,G_{sl} 为突出屋面部分天窗架的等效集中重力荷载代表值:

$$G_{sl} = 1.0 G_{天窗屋盖} + 0.5 G_{天窗积雪} + 0.5 G_{天窗积灰}$$

H_{sl} 为天窗屋盖标高的高度,从厂房基础顶面算起;其他符号意义同前。

4. 横向自振周期计算与调整

(1)单跨和等高多跨厂房

此类厂房可以简化为单质点体系,其横向基本周期可计算为

$$T_1 = 2\pi \sqrt{\frac{G_1 \delta_{11}}{g}} \approx 2\sqrt{G_1 \delta_{11}}$$

式中,G_1 为集中于屋盖处的重力荷载代表值,kN;δ_{11} 为作用于排架顶部的单位水平力在该处引起的侧移 m/kN,$\delta_{11} = (1-x_1)\delta_{11}'$,其中 x_1 为排架横梁内力,kN;δ_{11}' 为 A 柱柱顶作用单位水平力时,在该处产生的侧移(图 5-12)。

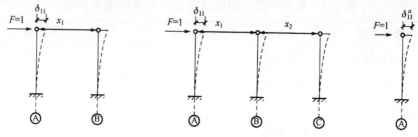

图 5-12　等高排架的侧移

（2）两跨不等高厂房

此类厂房的自振周期可以通过对两质点体系的自由振动频率方程求解，也可以采用近似方法如能量法求其基本频率。对两跨不等高厂房，其基本周期可为

$$T_1 = 2\sqrt{\frac{G_1 u_1^2 + G_2 u_2^2}{G_1 u_1 + G_2 u_2}}$$

式中，G_1，G_2 分别为质点 1、2 的重力荷载代表值，按式 $G_i = 1.0$ $G_{屋盖} + 0.5G_{雪} + 0.5G_{积灰} + 1.0G_{悬挂} + 0.5G_{吊车梁} + 0.25G_{柱} + 0.25$ $G_{纵墙} + 0.5G_{悬墙}$ 计算；δ_{11}，δ_{22} 分别为 $F=1$ 时，作用于屋盖 1、2 处时在该处产生的侧移；δ_{12}，δ_{21} 分别为 $F=1$ 时，作用于屋盖 2 或 1 处时在屋盖 2 或 1 处产生的侧移，$\delta_{12} = \delta_{21}$（图 5-13）。

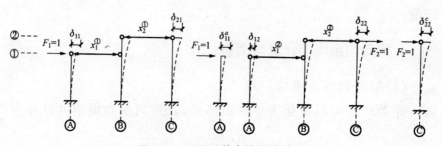

图 5-13　两跨不等高排架的侧移

按图 5-13，δ_{11}、δ_{12}、δ_{21}、δ_{22} 为

$$\delta_{11} = (1 - x_1^{①})\delta_{11}$$
$$\delta_{21} = x_2^{①}\delta_{22} = \delta_{12} = x_1^{②}\delta_{11}$$
$$\delta_{22} = (1 - x_2^{②})\delta_{22}$$

式中，$x_1^{①}$，$x_2^{①}$，$x_1^{②}$，$x_2^{②}$ 分别为 $F=1$ 作用于屋盖 1 处和 2 处在横梁 1 和 2 内引起的内力；δ_{11}，δ_{22} 分别为在单根柱 A、C 柱顶作用单

位水平力时,在该处引起的侧移。

(3)三跨不对称带升高跨厂房

计算此类厂房的自振周期时,一般可简化为三质点体系,采用能量法计算其基本周期,计算公式为

$$T_1 = 2\sqrt{\frac{G_1 u_1^2 + G_2 u_2^2 + G_3 u_3^2}{G_1 u_1 + G_2 u_2 + G_3 u_3}}$$

$$\left. \begin{aligned} u_1 &= G_1 \delta_{11} + G_2 \delta_{12} + G_3 \delta_{13} \\ u_2 &= G_1 \delta_{21} + G_2 \delta_{22} + G_3 \delta_{23} \\ u_3 &= G_1 \delta_{31} + G_2 \delta_{32} + G_3 \delta_{33} \end{aligned} \right\}$$

式中,δ_{11},δ_{12},δ_{13},δ_{21},δ_{22},δ_{23},δ_{31},δ_{32},δ_{33}均按结构力学方法计算;其他符号解释同前。

(4)自振周期的调整

研究表明,根据上述计算简图得到的横向排架自振周期与实际情况有一定差别。这种差别来自于两个方面:计算简图时假定屋架与柱子顶端为铰接,实际上屋架与柱的连接有一定的嵌固作用;围护墙对排架侧向变形的约束作用尚未考虑。因此,规范规定对上述方法求出的周期值进行调整:对钢筋混凝土屋架与钢筋混凝土柱厂房,有纵墙时取周期折减系数 $\psi_T = 0.8$,无纵墙时取 $\psi_T = 0.9$。

【例 5-1】　某双跨不等高钢筋混凝土柱厂房(横剖面见图 5-14),求此不等高排架在多遇烈度下的横向水平地震作用、地震作用效应。

厂房的基本数据如下:厂房柱距 6m,纵向 12 个开间,总长 72m;在 AB 跨内设有 5t 中级工作制吊车两台,CD 跨内设有 10t 中级工作制吊车两台,吊车梁为先张法预应力混凝土构件,型号为 DL-6A 和 DL-6B,截面高度 900mm;屋盖为大型钢筋混凝土屋面板、15m 跨钢筋混凝土折线型屋架 WJ-15 和 18m 跨钢筋混凝土折线型屋架 WJ-18;柱子混凝土强摩等级为 C20,截面尺寸如图 5-14 所示;围护墙为 240 砖墙,采用 MU7.5 黏土砖和 M5.0 混合砂浆;柱间支撑采用 A3 型钢;设防烈度 7 度,设计基本加速度为

0.15g，Ⅱ类场地，设计地震分组为第一组，结构阻尼比可取为0.05。

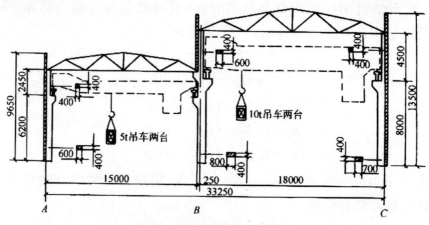

图 5-14 双跨不等高厂房横剖面

解：(1)荷载与材料数据

1)屋盖

见表 5-3。

表 5-3 一个柱距内屋盖及吊车重力荷载

	AB 跨	BC 跨
屋盖重力荷载/kN	15×6×3＝270	18×6×3＝324
屋架自重/kN	45.65	53.50
雪荷载/kN	15×6×0.3＝27.0	18×6×0.3＝32.4
积灰荷载/kN	15×6×0.75＝67.5	18×6×0.75＝81
吊车梁/kN	27.4	28.2
吊车桥架/kN	144	168

2)纵墙

见表 5-4。

表 5-4　纵墙重力荷载统计

		A 柱列	B 柱列	C 柱列
几何尺寸 /m	开洞尺寸	3.3×3.9	3.3×2.1	3.3×3.9
	厚度	0.24	0.24	0.24
	纵墙高度	8.65	3.85	12.5
	檐墙高度	1.0	1.0	1.0
檐墙重力荷载/kN		27.4	27.4	27.4
纵墙重力荷载/kN		178.0		283.3
高跨封墙重力荷载/kN		—	73.7	—
总重力荷载/kN		205.4	101.1	310.7

3）柱子

见表 5-5。

表 5-5　柱子重力荷载统计

		A 柱		B 柱		C 柱	
		截面	长度	截面	长度	截面	长度
几何尺寸 /m	上柱	400×400	2450	400×600	4500	400×400	4500
	下柱	400×600	6200	400×800	8000	400×700	8000
上柱重力荷载/kN		9.8		27		18	
下柱重力荷载/kN		37.2		64		56	
总重力荷载/kN		47.0		91		74	

4）材料性能统计

见表 5-6。

表 5-6　材料性能统计表

	弹性模量/MPa	抗拉强度/MPa	抗压强度/MPa
C20 混凝土	2.55×10⁴		10
砖砌体墙	2192（即 1600f）	0.11（抗剪强度）	1.37
柱间支撑	2.06×10⁵	215	

(2)横向基本周期

1)质点重量的计算

$G_1 = 1.0G_{低跨屋盖} + 0.5G_{低跨雪} + 0.5G_{低跨积灰} + 0.25G_{低跨边柱}$

$\qquad + 0.25G_{低跨外纵墙} + 0.25G_{低跨吊车梁} + 1.0G_{低跨檐墙}$

$\qquad + 0.25G_{中柱下柱} + 0.5G_{中柱上柱} + 0.5G_{高跨封墙}$

$\qquad + 1.0G_{中柱高跨吊车梁}（或\ 0.5G_{中柱高跨吊车梁}）$

$\qquad = 1.0 \times 270 + 0.5 \times 27 + 0.5 \times 67.5 + 0.25 \times 47 + 0.25 \times$

$\qquad 178 + 0.5 \times 27.4 + 1.0 \times 27.4 + 0.25 \times 64 + 0.5 \times 27 +$

$\qquad 0.5 \times 73.7 + 1.0 \times 28.2$

$\qquad = 509.15\text{kN}$

$G_2 = 1.0G_{高跨屋盖} + 0.5G_{高跨雪} + 0.5G_{高跨积灰} + 0.25G_{高跨边柱} +$

$\qquad 0.25G_{高跨外纵墙} + 0.25G_{高跨边柱吊车梁} + 1.0G_{高跨檐墙} + 0.5G_{中柱上柱}$

$\qquad + 0.5G_{高跨封墙} + 1.0G_{高跨封墙檐墙} + 0（或\ 0.5G_{中柱高跨吊车梁}）$

$\qquad = 1.0 \times 324 + 0.5 \times 32.4 + 0.5 \times 81 + 0.25 \times 74 + 0.25 \times 283.3$

$\qquad + 0.5 \times 28.2 + 1.0 \times 27.4 + 0.5 \times 27 + 0.5 \times 73.7 + 1.0 \times$

$\qquad 27.4$

$\qquad = 589.28\text{kN}$

2)排架柱柔度计算

用能量法求体系基本周期。先求出体系在重力荷载作用下的假想水平位移。

①单柱柔度计算。

根据有关排架计算手册,可求出各柱柔度为

$$\delta^a_{11} = 1.215 \times 10^{-3}\,\text{m/kN} \left.\begin{array}{l} \\ \\ \\ \\ \end{array}\right\}$$

$$\delta^b_{11} = 0.57 \times 10^{-3}\,\text{m/kN}$$

$$\delta^b_{12} = \delta^b_{21} = 0.95 \times 10^{-3}\,\text{m/kN}$$

$$\delta^b_{22} = 1.8 \times 10^{-3}\,\text{m/kN}$$

$$\delta^c_{22} = 2.64 \times 10^{-3}\,\text{m/kN}$$

各单柱柔度的物理意义见图 5-15。

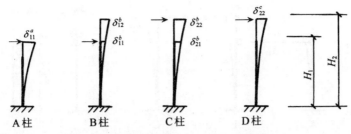

图 5-15　各单柱柔度的物理意义示意图

②排架柔度计算。

按图 5-16 暴露出内力,根据上述各柱柔度系数,建立体系在单位位移下 4 个节点的变形方程(不考虑横梁的轴向变形),求出体系刚度矩阵,将刚度矩阵求逆可求出体系柔度矩阵,并据此求出相应的假想位移。

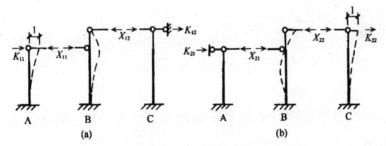

图 5-16　刚度计算过程

(a)$\Delta_1 = 1, \Delta_2 = 0$;(b)$\Delta_1 = 0, \Delta_2 = 1$

上述柔度矩阵还可以按图 5-17 所示方法,暴露出未知力,建立单位力下体系 4 个节点的位移方程,利用已知各柱柔度系数和变形协调关系,求出未知力,进而求出体系柔度矩阵,再按下式求出节点变形(详细过程从略),但结果与上述相同。

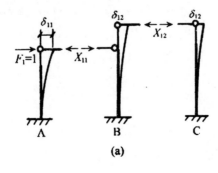

(a)

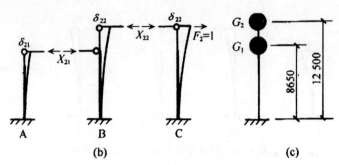

图 5-17　柔度计算过程

(a)$F_1=1,F_2=0$；(b)$F_1=0,F_2=1$；(c)周期计算简图

3)基本自振周期

$$T_1 = 2\sqrt{\dfrac{\displaystyle\sum_{i=1}^{n} G_i\Delta_i^2}{\displaystyle\sum_{i=1}^{n} G_i\Delta_i}}$$

$$= 2\times\sqrt{\dfrac{509.15\times0.3991^2+589.2\times0.7327^2}{509.15\times0.3991+589.2\times0.7327}}$$

$$= 1.582\text{s}$$

考虑纵墙作用对上述计算值修正，取 $\psi_T=0.8$，则横向排架自振周期为 $T_1=1.266\text{s}$。

(3)横向排架地震作用

1)质点重力代表值

①集中于屋盖处的重力荷载代表值。

$G_1=1.0G_{低跨屋盖}+0.5G_{低跨雪}+0.5G_{低跨积灰}+0.5G_{低跨边柱}+0.5$ $G_{低跨外纵墙}+0.75G_{低跨吊车梁}+1.0G_{低跨檐墙}+0.5G_{中柱下柱}+$ $0.5G_{中柱上柱}+0.5G_{高跨封墙}+1.0G_{中柱高跨吊车梁}$

$=1.0\times270+0.5\times27+0.5\times67.5+0.5\times47+0.5\times$ $178+0.5\times27.4+1.0\times27.4+0.5\times64+0.5\times27+$ $0.5\times73.7+1.0\times28.2$

$=588.25\text{kN}$

$G_2=1.0G_{高跨屋盖}+0.5G_{高跨雪}+0.5G_{高跨积灰}+0.25G_{高跨边柱}+$ $0.25G_{高跨外纵墙}+0.75G_{高跨边柱吊车梁}+1.0G_{高跨檐墙}+0.5$

$G_{中柱上柱}+0.5G_{高跨封墙}+1.0G_{高跨封墙檐墙}$

$$=1.0\times324+0.5\times32.4+0.5\times81+0.25\times74+0.25\times$$

$$283.3+0.75\times28.2+1.0\times27.4+0.5\times27+0.5\times$$

$$73.7+1.0\times27.4$$

$$=685.65kN$$

②集中于吊车梁顶面的重力荷载代表值。

$$G_3=27.4+144=171.4kN$$

$$G_4=28.2+168=196.2kN$$

2）水平地震作用标准值

下面用底部剪力法计算水平地震作用标准值。

根据《建筑抗震设计规范》（GB50011—2001），设防烈度 7 度，设计基本加速度为 0.15g 时，$\alpha_{max}=0.12$；Ⅱ类场地，设计地震分组为第一组，$T_g=0.35s$。地震影响系数为

$$\alpha_1=(\frac{T_g}{T_1})^{0.9}\alpha_{max}=(\frac{0.35}{1.266})^{0.9}\times0.12=0.0377$$

等效重力代表值为

$$G_{eq}=0.85(\sum_{i=1}^{4}G_i)$$

$$=0.85\times(588.25+685.65+171.4+196.2)$$

$$=1395.28kN$$

底部剪力为

$$F_{ek}=\alpha_1G_{eq}=0.0377\times1395.28=52.60kN$$

各质点地震作用标准值的详细计算过程可见表 5-7。

表 5-7　地震作用计算表

质点	G_i/kN	H_i/m	G_iH_i	$\eta_i=\dfrac{G_iH_i}{\sum_{j=1}^{4}G_jH_j}$	$F_i=\eta_iF_{ek}$/kN
1	588.25	8.65	5088.36	0.3061	16.10
2	685.65	12.5	8570.63	0.5156	27.12

质点	G_i/kN	H_i/m	G_iH_i	$\eta_i = \dfrac{G_iH_i}{\displaystyle\sum_{j=1}^{4} G_jH_j}$	$F_i = \eta_i F_{ek}/\text{kN}$
3	171.4	7.1	1216.94	0.0732	3.85
4	196.2	8.9	1746.18	0.1051	5.53
$\sum$			16622.11	1	52.60

3)作用于屋盖和吊车梁顶面的地震作用

如图 5-18 所示为作用于屋盖和吊车梁顶向的地震作用计算示意图。

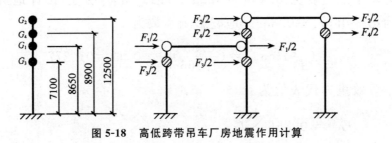

图 5-18　高低跨带吊车厂房地震作用计算

5.2.3　单层钢筋混凝土柱厂房纵向抗震计算

大量震害表明,在纵向水平地震作用下,厂房结构的破坏程度大于横向地震作用下的破坏,并且厂房沿纵向的破坏多数发生在中柱列,这是由于整个屋盖在平面内发生了变形,外纵向围护墙也承担了部分地震作用,致使各柱列承受的地震作用不同,中柱列承受了较多的地震作用,总体结构的水平地震作用的分配表现出显著的空间作用。因此,怎样选取合适的计算模型进行厂房纵向地震的效应分析,减轻结构沿纵向的破坏是十分必要的。

1. 修正刚度法

计算时,取整个抗震缝区段为纵向计算单元,按整体计算基本周期和纵向地震作用,并在计算过程中对厂房的纵向自振周期以及柱列侧移刚度加以修正后分配地震作用,使得结果逼近于按空间分析的结果,这种方法称为修正刚度法。

修正刚度法主要适用于有着较为完成支撑体系的轻型屋盖,且柱顶标高<15m、跨度<30m,因为这类房屋进行抗震计算时,需要考虑屋盖的空间作用及纵向维护墙与屋盖变形对柱列侧移的影响。

(1)纵向柱列的刚度

纵向第 z 柱列的刚度一般由三部分组成,即该列所有柱子、柱间支撑和贴砌砖围护墙的侧移刚度之和(图 5-19)。可表达为

$$K_i = \sum K_c + \sum K_b + \sum K_w$$

式中,K_c 为一根柱子的弹性侧移刚度;K_b 为一片支撑的弹性侧移刚度;K_w 为贴砌砖围护墙的侧移刚度。

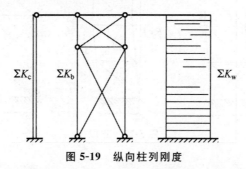

图 5-19　纵向柱列刚度

各构件侧移刚度 K_c、K_b、K_w 可先确定各构件的柔度矩阵,然后进行求逆即可得弹性侧移刚度。下面主要介绍柱列中各构件的柔度和刚度的计算方法。

①柱(图 5-20)。设第 i 柱列有 n 根柱,其刚度矩阵为

$$K^c = \begin{bmatrix} K^c_{11} & K^c_{12} \\ K^c_{21} & K^c_{22} \end{bmatrix} = (\delta^c)^{-1} = \frac{1}{|\delta|} \begin{bmatrix} \delta^c_{22} & -\delta^c_{21} \\ -\delta^c_{12} & \delta^c_{11} \end{bmatrix}$$

式中,$|\delta| = n(\delta^c_{11}\delta^c_{22} - \delta^c_{12}\delta^c_{21})$,$\delta_{jk}$ 为单根柱的柔度系数,它等于单根柱在 k 点作用单位力($F=1$),在 j 点产生的侧移(j、$k=1,2$);K^c_{jk} 为柱列柱子的刚度系数。

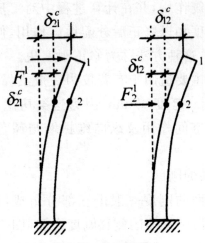

图 5-20　单柱侧移

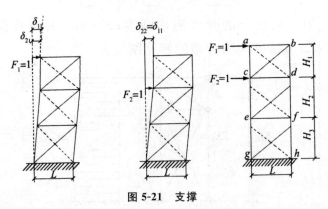

图 5-21　支撑

②支撑。

a.柔性支撑。设第 i 柱列有 m 片支撑。图 5-21 中所示为柔性支撑,即 $\lambda > 150$。

图 5-21 中虚线所示的斜杆,因长细比超过 150,基本上不参与受压工作,确定其计算简图时只能考虑单杆受拉。

当水平杆及两边柱子的截面面积越大,轴向变形可略去不计时,根据结构力学方法可得柔度系数

$$
\left.
\begin{aligned}
\delta_{11}^{b} &= \frac{1}{EL^2}\left(\frac{l_1^3}{A_1} + \frac{l_2^3}{A_2} + \frac{l_3^3}{A_3}\right) \\
\delta_{22}^{b} &= \delta_{12}^{b} = \delta_{21}^{b} = \frac{1}{EL^2}\left(\frac{l_2^3}{A_2} + \frac{l_3^3}{A_3}\right)
\end{aligned}
\right\}
$$

当需要考虑水平杆的变形时,则为

$$\delta_{11}^b = \frac{1}{EL^2}\left(\frac{l_1^3}{A_1}+\frac{l_2^3}{A_2}+\frac{l_3^3}{A_3}\right)+\frac{L}{E}\left(\frac{1}{A'_1}+\frac{1}{A'_2}+\frac{1}{A'_3}\right) \left.\begin{array}{c}\\ \\ \\ \\ \end{array}\right\}$$

$$\delta_{22}^b = \delta_{12}^b = \delta_{21}^b = \frac{1}{EL^2}\left(\frac{l_2^3}{A_2}+\frac{l_3^3}{A_3}\right)+\frac{L}{E}\left(\frac{1}{A'_2}+\frac{1}{A'_3}\right)$$

b. 半刚性支撑($\lambda=40\sim150$)。杆件的长细比小于 150,具有一定的抗压强度和刚度,计算时,需考虑图中虚线杆件的抗压作用。并且随着长细比的减小,抗压强度与刚度显著上升,因此,计算时宜计入斜杆的抗压作用,如图 5-22 所示。当略去水平杆及两边柱子的轴向变形并考虑压杆参加工作时

$$\delta_{11}^b = \frac{1}{EL^2}\left(\frac{1}{1+\varphi_1}\cdot\frac{l_1^3}{A_1}+\frac{1}{1+\varphi_2}\cdot\frac{l_2^3}{A_2}+\frac{1}{1+\varphi_3}\cdot\frac{l_3^3}{A_3}\right) \left.\begin{array}{c}\\ \\ \\ \\ \end{array}\right\}$$

$$\delta_{22}^b = \delta_{12}^b = \delta_{21}^b = \frac{1}{EL^2}\left(\frac{1}{1+\varphi_2}\cdot\frac{l_2^3}{A_2}+\frac{1}{1+\varphi_3}\cdot\frac{l_3^3}{A_3}\right)$$

式中:φ_i 为斜杆在轴心受压时的稳定系数,按《钢结构设计规范》采用。

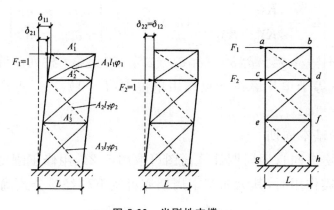

图 5-22　半刚性支撑

c. 刚性支撑($\lambda<40$)。各杆类型的支撑,只要杆件的长细比小于 40,则属于小柔度杆,受压时就不致失稳,压杆的工作状态与拉杆一样,可以充分发挥其全截面的强度,如图 5-23 所示。刚性支撑在单层厂房中一般不用,在多层厂房中用得较多。刚性交叉支撑的柔度,在略去水平杆的轴向变形时为

$$\left.\begin{array}{l} \delta^b_{11} = \dfrac{1}{2EL^2}\left(\dfrac{l_1^3}{A_1} + \dfrac{l_2^3}{A_2} + \dfrac{l_3^3}{A_3} \right) \\[4mm] \delta^b_{22} = \delta^b_{12} = \delta^b_{21} = \dfrac{1}{2EL^2}\left(\dfrac{l_2^3}{A_2} + \dfrac{l_3^3}{A_3} \right) \end{array}\right\}$$

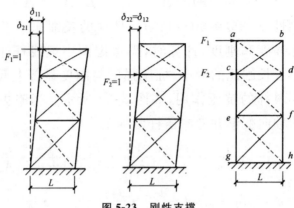

图 5-23　刚性支撑

③砖墙。

其刚度矩阵等于柔度矩阵的逆矩阵

$$K^w = \begin{bmatrix} K^w_{11} & K^w_{12} \\ K^w_{21} & K^w_{22} \end{bmatrix} = (\delta^w)^{-1} = \frac{1}{|\delta|} \begin{bmatrix} \delta^w_{22} & -\delta^w_{21} \\ -\delta^w_{12} & \delta^w_{11} \end{bmatrix}$$

式中，$|\delta| = \delta^w_{11}\delta^w_{22} - \delta^w_{12}\delta^w_{21} = \delta^w_{11}\delta^w_{22} - \delta^{w2}_{12}$，$\delta^w_{jk}$ 为第 i 柱列砖墙的柔度系数，它等于单片墙在 k 点作用单位力($F=1$)，在 j 点产生的侧移(j、$k=1,2$)。

（2）基本周期

厂房纵向自振周期计算简图可取图 5-24，用修正刚度法计算纵向地震作用时，其纵向基本周期亦可按下列经验公式确定：

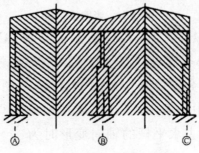

图 5-24　厂房纵向周期计算简图

$$T_1 = 0.23 + 0.00025\psi_1 l \sqrt{H^3}$$

式中，ψ_1 为屋盖类型系数，为大型屋面板钢筋混凝土屋架时可采用 1.0，为钢屋架时取 0.85；l 为厂房跨度，m，多跨厂房时可取各跨的平均值；H 为基础顶面至柱顶的高度，m。

对于敞开、半敞开或墙板与柱子柔性连接的厂房，基本周期 T_1 尚应乘以围护墙影响系数 ψ_2，$\psi_2 = 2.6 - 0.002l \sqrt{H^3}$，$\psi_2$ 小于 1.0 时取 1.0。

(3)柱列地震作用计算

1)屋盖标高处厂房的纵向地震作用

集中到第 i 柱列的屋盖标高处的等效重力荷载代表值 G_i 为：

有吊车时：

$$G_i = 1.0G_{屋盖} + 0.5G_{雪} + 0.5G_{灰} + 0.5G_{柱} + 0.5G_{横墙} + 0.7G_{纵墙}$$

无吊车时：

$$G_i = 1.0G_{屋盖} + 0.5G_{雪} + 0.5G_{灰} + 0.1G_{柱} + 0.5G_{横墙} + 0.7G_{纵墙}$$

作用在屋盖标高处的第 i 柱列厂房纵向地震作用标准值为：

$$F_i = \alpha_1 G_i \frac{K_{ai}}{\sum K_{ai}}$$

$$K_{ai} = \psi_3 \psi_4 K_i$$

式中，α_1 为相应于厂房纵向基本自振周期的水平地震影响系数；$\sum K_{ai}$ 为主柱列柱顶的总侧移刚度；K_{ai} 为 i 柱列柱顶的调整侧移刚度；ψ_3 为柱列侧移刚度的围护墙影响系数；ψ_4 为柱列侧移刚度的柱间支撑影响系数，纵向为砖围护墙时，边柱列可采用 1.0，中柱可按表 5-8 采用。

表 5-8　纵向采用砖转围护墙的中柱列柱间支撑影响系数 ψ_4

厂房单元内设置下柱支撑的柱间数	中柱列下柱支撑斜杆的长细比					中柱列无支撑
	>150	121~150	81~120	41~80	≤40	
一柱间	1.25	1.1	1.0	0.95	0.9	1.4
二柱间	1.0	0.95	0.9			

2）柱列各吊车梁顶标高处的地震作用

对于有桥式吊车的厂房，集中到第 z 柱列的吊车梁顶标高处的等效重力荷载代表值 G_{ci} 为：

$$G_{ci}=0.4G_{柱}+1.0G_{吊车梁}+1.0G_{吊车桥}$$

式中，G_{ci} 为集中于第 i 柱列吊车梁顶标高处的等效重力荷载代表值；$G_{吊车桥}$ 为集中于第 i 柱列的吊车桥重力荷载代表值。

作用于第 i 柱列吊车梁顶标高处的地震作用标准值，可按下式确定：

$$F_{ci}=\alpha_1 G_{ci}\frac{H_{ci}}{H_i}$$

式中，F_{ci} 为第 i 柱列吊车梁顶标高处的纵向地震作用标准值；H_{ci} 为第 i 柱列吊车梁顶高度；H_i 为第 i 柱列高度。

（4）构件地震作用计算

1）无吊车厂房柱列

如图 5-25 所示。第 i 柱列中，一根柱分配的地震作用标准值为

$$F_c=\frac{K_c}{K'_i}F_i$$

一片支撑分配的地震作用标准值为

$$F_b=\frac{K_b}{K'_i}F_i$$

一片砖墙分配的地震作用标准值为

$$F_w=\frac{K_w}{K'_i}F_i$$

式中，K'_i 为第 i 柱列考虑砖墙开裂后柱顶的总侧移刚度为

$$K'_i = \sum K_c + \sum K_b + \psi_k \sum K_w$$

其中, ψ_k 为贴砌的砖围护墙侧移刚度的折减系数, 在 7 度、8 度和 9 度时可分别取 0.6、0.4 和 0.2; K_c、K_b、K_w 的含义同前。

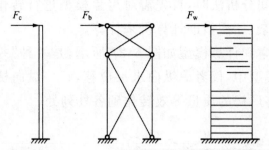

图 5-25　无吊车厂房各抗侧力构件地震作用的分配

2)有吊车厂房柱列

为简化计算, 对于中小型厂房, 可取整个柱列所有柱的侧移总刚度为该柱列柱间支撑刚度的 10%, 即 $\sum K_c = 0.1 \sum K_b$。

第 i 柱列中, 一根柱、一片支撑和一片砖墙分配的地震作用标准值仍按以上公式计算。而吊车所引起的地震作用标准值, 考虑到偏离砖墙较远, 略去砖墙的作用, 仅由柱与柱间支撑承受(图 5-26), 则一根柱、一片支撑分配的吊车地震作用标准值分别为

$$F'_c = \frac{1}{11n} F_{ci}$$

$$F'_b = \frac{K_b}{1.1 \sum K_b} F_{ci}$$

式中, n 为第 i 柱列柱总根数; 其余符号同前。

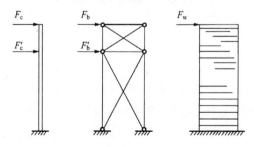

图 5-26　有吊车厂房各抗侧力构件地震作用的分配

2.空间分析法

空间分析法的使用范围非常广泛,任何类型的厂房都可以适用。使用空间分析法时,首先需对房盖模型进行转化。假若建筑结构比较复杂,还需借助计算机来计算。

简化的空间计算模型如图 5-27 所示,是一种"并联多质点体系"。在该模型中,仅考虑纵向水平位移,每一纵向柱列只取一个自由度,并将厂房的质量等效转化到各柱列处。

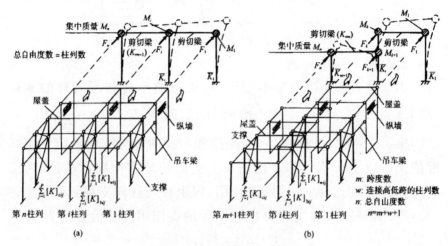

图 5-27　简化空间结构计算模型

(a)多跨等高厂房;(b)带高低跨厂房

(1)柱列侧移刚度的计算

1)柱子的侧移刚度

对于等截面柱子,柱顶点柔度为 $\delta_{11} = H^3/3E_cI_c$,顶点侧移刚度为

$$K_c = \mu \left(\frac{1}{\delta_{11}}\right) = \mu \frac{3E_cI_c}{H^3}$$

式中,E_cI_c 为等截面柱抗弯刚度;H 为柱全高;μ 为屋盖、吊车梁等纵向构件对柱子侧移刚度的影响系数,当无吊车梁时,$\mu=1.1$,有吊车梁时,$\mu=1.5$。

对变截面柱,出于计算位移和惯性力(如高低跨交接处、吊车梁所在位置、屋架纵向水平支撑处等)的考虑,一般至少需要计算两点柔度或两点侧移刚度,如图 5-28 所示。其中单柱柔度系数 δ_{11}、δ_{12}、δ_{22} 可查阅有关结构力学、混凝土结构教材或设计计算手册,此不赘述。

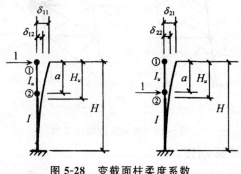

图 5-28 变截面柱柔度系数

变截面柱子刚度矩阵 $[K]_c$ 可代入式 $K_c = \mu\left(\dfrac{1}{\delta_{11}}\right)$ 计算:

$$[K] = \begin{bmatrix} K_{11} & K_{12} \\ K_{21} & K_{22} \end{bmatrix}$$

式中

$$K_{11} = \frac{\delta_{22}}{|\Delta|}, K_{22} = \frac{\delta_{11}}{|\Delta|}$$

$$K_{12} = K_{21} = -\frac{\delta_{12}}{|\Delta|}$$

$$|\Delta| = \begin{vmatrix} K_{11} & K_{12} \\ K_{21} & K_{22} \end{vmatrix} = \delta_{11}\delta_{22} - \delta_{12}^2$$

需要注意的是,考虑到屋盖、吊车梁等纵向构件对柱子侧移刚度的影响,变截面柱子刚度系数 K_{11}、K_{22}、K_{12} 应乘以影响系数 μ。

2)柱间支撑的侧移刚度

柱间支撑是由钢筋混凝土柱、吊车梁与型钢杆件共同组成的超静定抗侧结构。为简化计算,假定各杆件在连接处为铰接,按静定桁架结构计算(图 5-29);忽略水平杆和柱子的轴向变形,只计及斜向钢杆的变形。在具体计算时,区分压杆长细比 λ 的不同来分别考虑,具体同修正刚度法的计算过程。

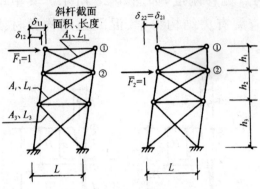

图 5-29　柱间支撑柔度系数

3）纵墙的侧移刚度

对于砌体墙，若弹性模量为 E，厚度为 t，墙的高度为 H，墙的宽度为 B，并有 $\rho = H/B$，此时还考虑弯曲和剪切变形对顶部的作用，由此得到刚度的计算公式为：

$$K_w = \frac{Et}{\rho^3 + 3\rho}$$

$$K_w = \frac{Et}{3\rho}$$

对有窗洞的层，各窗间墙的侧移刚度可按上式计算，即第 i 层第 j 段窗间墙的侧移刚度为

$$K_{wij} = \frac{Et_{ij}}{\rho_{ij}^3 + 3\rho_{ij}}$$

式中，t_{ij}、ρ_{ij} 分别为相应墙的厚度和高宽比。

第 i 层墙的刚度为 $K_{wij} = \sum_j K_{wij}$，该层在单位水平力作用下的相对侧移为 $\delta_i = 1/K_{wij}$，因此墙体在单位水平力作用下的侧移等于有关各层砖墙的侧移之和，如图 5-30 所示。

$$\delta_{11} = \sum_{i=1}^{4} \delta_i$$

$$\delta_{22} = \delta_{21} = \delta_{12} = \sum_{i=1}^{2} \delta_i$$

对此柔度矩阵求逆，即可得相应的刚度矩阵。

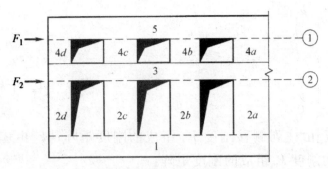

图 5-30　砖墙的刚度计算

（2）屋盖的纵向水平剪切刚度

屋盖的纵向水平剪切刚度可按下式计算：

$$K_{vi} = k_{vi0} \frac{L_i}{l_i}$$

式中，k_{vi0} 为第 i 跨单位面积屋盖纵向水平等效剪切刚度基本值，$i = 1, m$，对钢筋混凝土无檩屋盖可取 $2 \times 10^4 \text{kN/m}$，对钢筋混凝土有檩屋盖可取 $6 \times 10^3 \text{kN/m}$；$k_{vi}$ 为纵向跨度总数；L_i 为厂房第 i 跨屋盖沿纵向的总长度；l_i 为第 i 跨屋盖的跨度。

（3）结构的振型

1）结构总体刚度矩阵

结构按某一振型振动时，其振动方程为

$$-\omega^2[m]\{X\} + [K]\{X\} = 0$$

或写成下列形式

$$[K]^{-1}[m]\{X\} = \lambda\{X\}$$

式中，$\{X\}$ 为质点纵向相对位移幅值列向量，$\{X\} = \{X_1, X_2, \cdots, X_n\}$；$n$ 为质点数；$[m]$ 为质量矩阵，$[m] = \text{diag}\{m_1, m_2, \cdots, m_n\}$；$\omega$ 为自由振动圆频率；λ 为矩阵 $[K]^{-1}[m]$ 的特征值，$\lambda = 1/\omega^2$；$[K]$ 为刚度矩阵。

刚度矩阵 $[K]$ 可表示为

$$[K] = [\overline{K}] + [k]$$
$$[\overline{K}] = \text{diag}\{K_1, K_2, \cdots, K_n\}$$

$$[k] = \begin{bmatrix} k_1 & -k_1 & & & 0 \\ -k_1 & k_1+k_2 & -k_2 & & \\ & \cdots & \cdots & \cdots & \\ & & -k_{n-2} & k_{n-2}+k_{n-1} & -k_{n-1} \\ 0 & & & -k_{n-1} & k_{n-1} \end{bmatrix}$$

式中,$[\overline{K}]$由柱列侧移刚度 K_i 组成的刚度矩阵;$[k]$由屋盖纵向水平剪切刚度 k_i 组成的刚度矩阵。

求解即可得自振周期$\{T\}$和振型矩阵$[X]$

$$\{T\} = 2\pi\{\sqrt{\lambda_1}, \sqrt{\lambda_2}, \cdots \sqrt{\lambda_n}\}$$

$$[X] = [\{X\}_1, \{X\}_2, \cdots, \{X\}_n] = \begin{bmatrix} X_{11} & X_{21} & \cdots & X_{n1} \\ X_{12} & X_{22} & \cdots & X_{n2} \\ \cdots & \cdots & \cdots & \cdots \\ X_{1n} & X_{2n} & \cdots & X_{mnn} \end{bmatrix}$$

2)结构总体质量矩阵

结构总体质量矩阵为 $n \times n$ 阶对角矩阵,可按下式计算:

$$M = \begin{bmatrix} M_1 & & & & \\ & \ddots & & & \\ & & M_i & & \\ & & & \ddots & \\ & & & & M_n \end{bmatrix}$$

式中,M_i 为第 i 自由度的顶点集中质量。

3)自振周期的计算

纵向空间计算模型的刚度矩阵和质量矩阵形成后,可按一般多自由度体系的方法计算振动特征方程$|K-\omega^2 M| = 0$ 的特征根,从而求出结构自振周期及振型。

3. 柱列法

对使用压型钢板、瓦楞铁、石棉瓦等有檩轻型屋盖的多跨等高厂房,由于缺少完整支撑系统,屋盖空间刚度小,协调各柱列变形的能力差,在纵向地震作用下,各柱列的振动相互影响小。这时可用柱列法进行抗震计算。该方法还适用于对称布置的单层厂房。柱列法的主要步骤简要叙述如下：

①以各跨跨中为界划分各柱列计算区。

②计算各柱列柱顶等效集中质量重力代表值。

a.计算自振周期时的重力代表值。

$$G_i = 1.0G_{屋盖} + 0.5G_{雪} + 0.5G_{灰} + 0.25G_{柱} + 0.25G_{山墙}$$
$$+ 0.35G_{纵墙} + 0.5G_{吊车梁} + 0.5G_{吊车桥架}$$

b.计算地震作用时的重力代表值

$$G_i = 1.0G_{屋盖} + 0.5G_{雪} + 0.5G_{灰} + 0.25G_{柱} + 0.5G_{山墙}$$
$$+ 0.7G_{纵墙} + 0.75G_{吊车梁} + 0.75G_{吊车桥架}$$

式中，$G_{吊车桥架}$ 为第 i 柱列左右跨各取两台最大吊车的吊车桥架重力荷载代表值之和的一半，硬钩车尚应包括其吊重的 30%。

③计算各柱列柱顶侧移刚度 $\overline{K_i}$。

④计算各柱列自振周期。

$$T_i = 2\psi_T \sqrt{\frac{G_i}{K_i}}$$

式中，ψ_T 为柱列自振周期修正系数，此系数是根据空间分析结果与柱列法比较后确定的，对于单跨厂房，$\psi_T = 1.0$，对于多跨厂房，系数则需再确定。

5.2.4　单层钢筋混凝土柱厂房的抗震构造措施

单层钢筋混凝土柱厂房是预制装配式结构，连接节点多，预埋铁件多，结构的整体性较差。因此，加强结构整体性是单层厂房抗震构造措施的主要目的。为此要注意三个问题：

①重视连接节点的设计和施工，应使预埋件的锚固承载力、节点的承载力大于连接构件的承载力，防止节点先于构件破坏；同时，节点构造应具有较强的变形能力和耗能能力，防止发生脆性破坏。

②完善支撑体系，保证结构的稳定性。

③提高构件薄弱部位的强度和延性,防止构件局部破坏导致厂房的严重破坏或倒塌。

单层钢筋混凝土柱厂房抗震构造时需要注意的方面如图 5-31 所示。

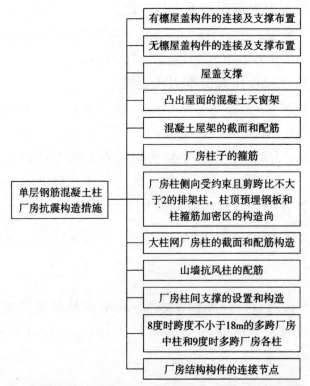

图 5-31　单层钢筋混凝土柱厂房抗震构造时要注意的各方面

5.3　单层钢结构厂房抗震设计

5.3.1　单层钢结构厂房的抗震一般规定

对单层钢结构厂房进行抗震设计时,需要遵循如图 5-32 所示的一般规定。

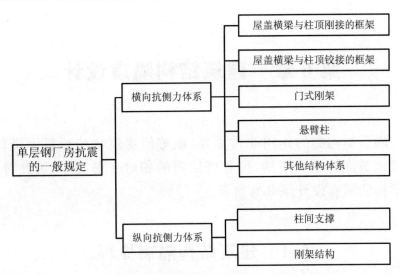

图 5-32　单层钢结构厂房抗震的一般规定

除图 5-32 所示的一般规定外,还有一些规定需要遵守,包括使用钢骨架时不应使用焊接头;对于无法使用螺栓连接的构件则应使用强度连接;屋盖横梁与柱顶铰接时,宜采用螺栓连接;柱间支撑杆件应采用整根材料等。

5.3.2　单厂钢结构厂房的抗震计算

厂房横向抗震计算一般情况下,宜计入屋盖变形进行空间分析;采用轻型屋盖时,可按平面排架式框架计算。

厂房纵向抗震计算,可采用下列方法。

①用轻质墙板或与柱柔性连接的大型墙板的厂房,可按单质点计算,计算时的质点地震作用的分配按如图 5-33 所示的原则。

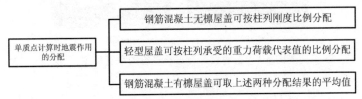

图 5-33　单质点计算时地震作用的分配

②采用与柱贴砌的烧结普通黏土砖围护墙厂房,其抗震计算与但层钢筋混凝土柱厂房抗震设计一致。

第6章 建筑结构隔震设计

隔震结构起的作用非常重要,能够使建筑物的地震力降低,延长建筑物的基本周期,使各楼层间的相对变形变小,因此对建筑结构的隔震设计须非常重视。

6.1 建筑结构隔震原理

隔震技术是建筑结构减震防灾的有效手段。使用的结构之所以能够达到防震的目标,是因为采用的是隔震系统中具有整体复位功能的橡胶隔震支座和阻尼装置,对整个建筑结构的周期起到了延长作用,削减了建筑物所受到的地震力。

传统抗震结构与基础隔震在地震动作用下的反应对比见图6-1。

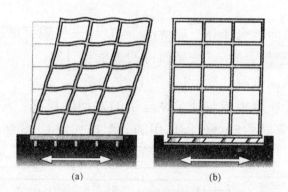

图6-1 抗震建筑与隔震建筑的地震反应

(a)抗震建筑;(b)隔震建筑

为了能够满足建筑物的减震目的,基础隔震系统一般需要具有以下功能:

①承载特性(一定的柔度),具有足够的竖向强度和刚度以支

撑上部结构的重量。还可用来延长结构周期,降低地震作用。

②隔震特性,建筑隔震结构需要保证自身在外界作用(风力作用或者是小型地震)下,结构体系依然能够工作,不影响正常使用。但假若发生的是中强地震时,其水平刚度较小,结构为柔性隔震结构体系。

③复位特性,所谓复位指的就是在地震过后,建筑结构能够恢复到原来的状态,不会影响正常使用。

④耗能特性,建筑物隔震结构自身就有不小的阻尼,因此能够储存较大的能量。因此,当地震到来时,能够将吸收的地震能量进行散发,这样就减小建筑物本身所吸收的地震能量,降低建筑物变形的可能性,促使建筑物移动的范围不超过界限。

通过上述分析可知,隔震结构就是通过分担建筑物本身所接受的地震能量,减少建筑物结构变形,延长建筑物结构的自振周期等来达到防震的目的。

通过对隔震结构和抗震结构在地震过程中的位移对比可以发现,抗震结构所发生的位移距离比隔震结构的位移要大,如图6-2 所示。

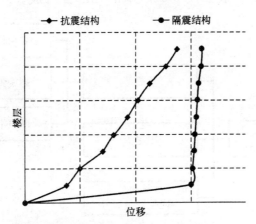

图 6-2　抗震结构与隔震结构楼层位移对比图

通过二者的加速度对比可以发现,隔震结构的反应加速度是抗震结构反应加速度 4~12 倍,如图 6-3 所示。

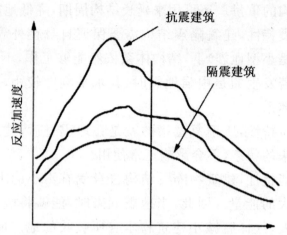

图 6-3　抗震与隔震两种结构楼层加速度对比图

　　由以上分析可知，隔震结构能够显著降低建筑物结构的反应加速度和反应位移，从而减少结构的水平地震作用。

6.2　隔震系统的构成

　　隔震系统一般如图 6-4 所示的几部分构成。

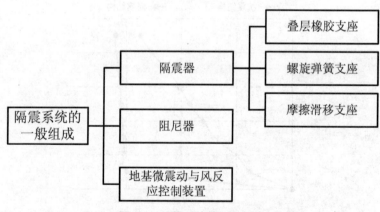

图 6-4　隔震系统的一般组成

　　隔震器在隔震系统中一般指的是隔震支座。隔震支座在支撑建筑物时不仅可以保持其承载能力，而且还能够忍受基础与上部结构之间的较大位移。此外，隔震支座还具有良好的恢复能力,它在地震过后有能力恢复原先的位置。

阻尼器能够起到减少建筑结构位移距离的作用,而且还将帮助隔震支座在地震结束后恢复原状。

地基微震动与风反应控制装置的目的是在风载或者小震情况下,帮助建筑物稳定。

叠层橡胶支座是目前使用最多的隔震支座,常见的有以下三种:

①普通橡胶支座(图 6-5)。

②高阻尼橡胶支座等(图 6-6)。

③铅芯橡胶支座(图 6-7)。

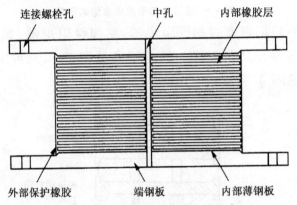

图 6-5 普通叠层橡胶支座结构示意

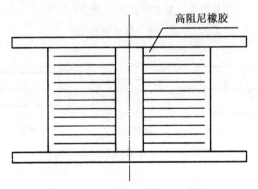

图 6-6 叠层高阻尼橡胶支座示意

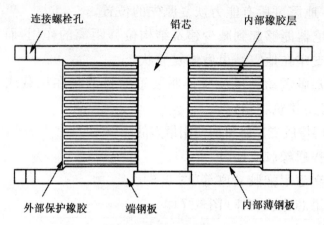

连接螺栓孔　　　铅芯　　　内部橡胶层

外部保护橡胶　　端钢板　　内部薄钢板

图 6-7　叠层铅芯橡胶支座结构示意

常用的阻尼器有弹塑性阻尼器、黏弹性阻尼器、黏滞阻尼器、摩擦阻尼器等。其在工程上的应用参见图 6-8，三种阻尼器的恢复力特性见图 6-9。

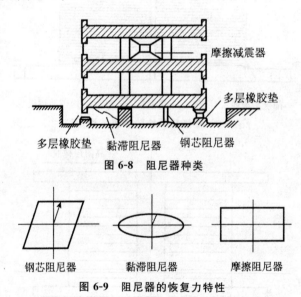

摩擦减震器

多层橡胶垫

多层橡胶垫　　黏滞阻尼器　　钢芯阻尼器

图 6-8　阻尼器种类

钢芯阻尼器　　　黏滞阻尼器　　　摩擦阻尼器

图 6-9　阻尼器的恢复力特性

6.3　建筑隔震结构的设计要点

建筑隔震结构设计时可以参照图 6-10 所示的流程。

《建筑抗震设计规范》(GB50011—2010)对隔震设计提出了分部设计法和水平减震系数的概念。

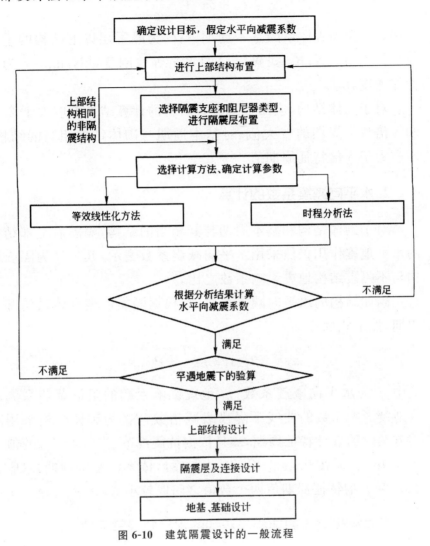

图 6-10　建筑隔震设计的一般流程

6.3.1　隔震结构的基本周期和水平减震系数

1. 隔震后体系的基本周期

在进行隔震后建筑体系的基本周期计算时,可直接将隔震层

的刚度作为整个刚度来进行计算，其计算公式为

$$T_1 = 2\pi\sqrt{\frac{G}{K_h g}}$$

式中，T_1 为隔震体系的基本周期，s；G 为隔震层以上结构的重力荷载代表值，kN；K_h 我隔震层的水平等效刚度，kN/mm；g 为重力加速度，m/s²。

对于砌体结构，应用上式公式所得的计算结果不应大于 2.0s 和 5 倍特征周期的较大值；对基本周期与砌体结构相当的结构，不应大于 5 倍特征周期值。

2. 水平向减震系数的计算

对于砌体结构和基本周期与其相当的结构，隔震后上部结构的水平地震作用仍然采用水平向减震系数表示，其定义为隔震结构与不隔震结构地震影响系数之比。

砌体结构的水平向减震系数，宜根据隔震后整个体系的基本周期，按下式确定：

$$\beta = 1.2\eta_2 \left(\frac{T_{gm}}{T_1}\right)^\gamma$$

式中，β 为水平向减震系数；η_2 地震影响系数的阻尼调整系数；γ 为地震影响系数的曲线下降段衰减指数；T_{gm} 为砌体结构采用隔震方案时的设计特征周期，s，且依据抗震规范，当所求 T_{gm} 的值小于 0.4s 时，需按 0.4s 采用；T_1 为隔震后体系的基本周期，s，应在 2.0s 和 5 倍特征周期值两个数值之间取较小值。

3. 与砌体结构周期相当结构的水平向减震系数

与砌体结构周期相当的结构，其水平向减震系数宜根据隔震后整个体系的基本周期按下式确定：

$$\beta = 1.2\eta_2 \left(\frac{T_g}{T_1}\right)^\gamma \left(\frac{T_0}{T_g}\right)^{0.9}$$

式中，T_0 为非隔震结构的计算周期，s，当小于特征周期时应采用特征周期的数值；T_1 为隔震后体系的基本周期，s，不应大于 5 倍

特征周期值；T_g 为特征周期，s。

4. 地震影响系数曲线和参数的调整

根据《建筑抗震设计规范》(GB 550011—2010)，地震影响系数曲线形状如图 6-11 所示。

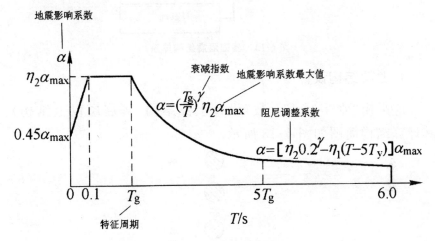

图 6-11　地震影响系数曲线

其中，γ 的计算公式为

$$\gamma = 0.9 + \frac{0.05 - \xi}{0.3 + 6\xi}$$

η_2 的计算公式为

$$\eta_2 = 1 + \frac{0.05 - \xi}{0.08 + 1.6\xi}$$

计算 η_2 时，假若数值小于 0.55 时，直接按 0.55 计算。

6.3.2　分部设计方法

分部设计方法是将整个基础隔震结构体系分成如图 6-12 所示的几部分分别进行设计。

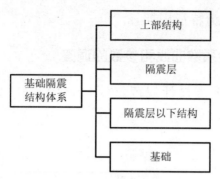

图 6-12　基础隔震结构体系

1. 上部结构设计

应采用"水平减震系数"设计上部结构（隔震层以上结构）。其计算结构简图如图 6-13 所示。

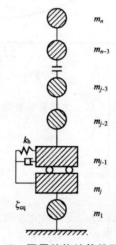

图 6-13　隔震结构计算简图

当发生罕遇地震时，上部结构应防止隔震层发生重大变形，为此，可采取如图 6-14 所示的措施。

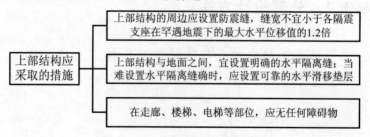

图 6-14　上部结构应采取的措施

隔震层与上部结构的连接,需要符合如图 6-15 所示的规定。

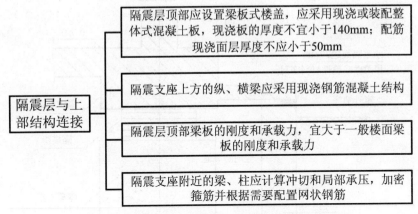

图 6-15　隔震层与上部结构连接时需要符合的规定

隔震支座的连接构造,应符合如图 6-16 所示的一些要求。

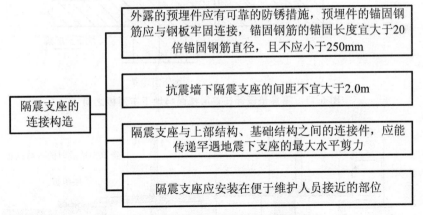

图 6-16　隔震支座的连接构造应符合的要求

隔震垫(支座)设计在首层楼面与地下室顶板之间(图 6-17)。

隔震层周边应留出一定的净距[图 6-18(a)],建筑物可移动范围内设置隔震空间[图 6-18(b)]。

砖砌体结构中隔震垫设置见图 6-19。

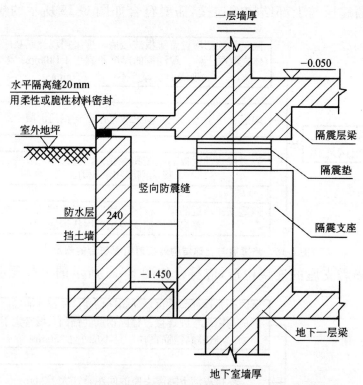

图 6-17　隔震垫设计在首层楼面与地下室顶板之间

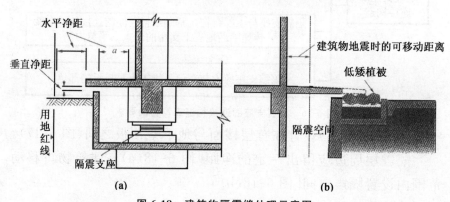

(a)　　　　　　　　　　　　**(b)**

图 6-18　建筑物隔震缝处理示意图

（a）隔震层周边的净距；（b）建筑物可移动范围内设置隔震空间剖面图

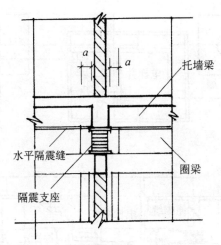

图 6-19　砖砌体结构中隔震垫设置

钢结构柱、柱脚安装隔震垫示意图见图 6-20。

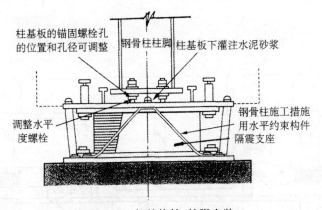

图 6-20　钢结构柱、柱脚安装

基础隔震时楼梯、电梯和建筑物周围挡土墙和散水的做法见图 6-21。

基础隔震时楼梯、电梯间的做法见图 6-22。

中间层隔震电梯间的做法见图 6-23。

室外踏步连接构造见图 6-24。

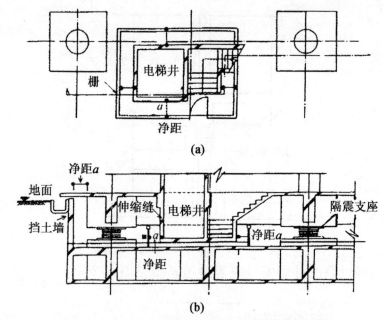

(a)

(b)

图 6-21　基础隔震时的楼梯、电梯、挡土墙和散水图

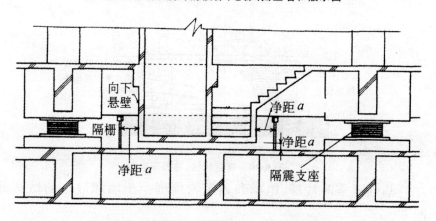

图 6-22　基础隔震时的楼梯、电梯间做法剖面图

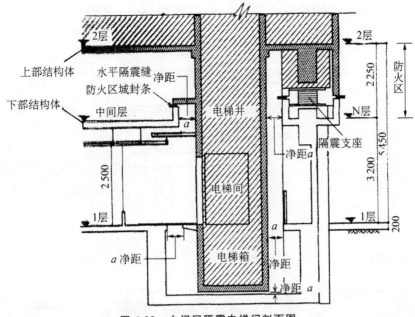

图 6-23　中间层隔震电梯间剖面图

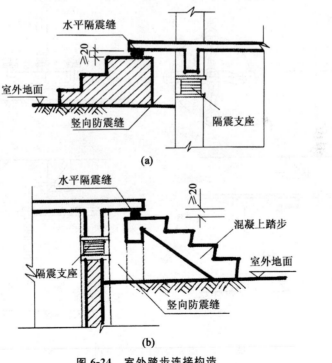

(a)

(b)

图 6-24　室外踏步连接构造

(a)砖砌室外踏步；(b)混凝土室外踏步

穿越隔震层外的管道均应采用柔性连接,见图 6-25。

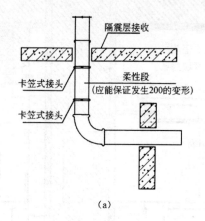

（a）

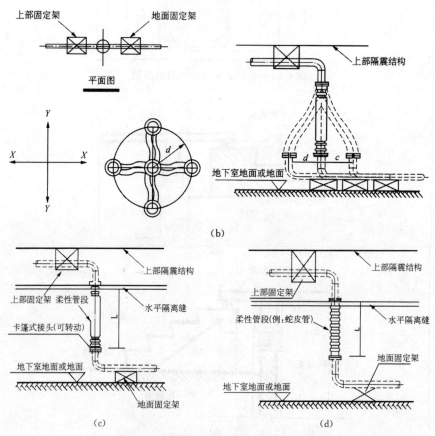

（b）

（c）   （d）

图 6-25　隔震层处的管线采用柔性连接

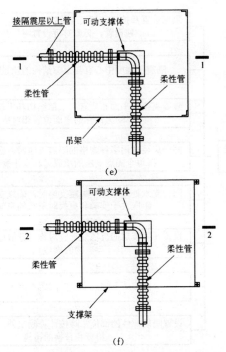

图 6-25　隔震层处的管线采用柔性连接(续)

隔震沟顶部加盖处理见图 6-26。

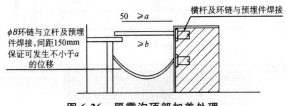

图 6-26　隔震沟顶部加盖处理

2. 隔震层设计

(1)隔震层布置

隔震层的布置应满足的要求如图 6-27 所示。

(2)隔震支座压应力验算

隔震橡胶支座力学参数如图 6-28 所示。

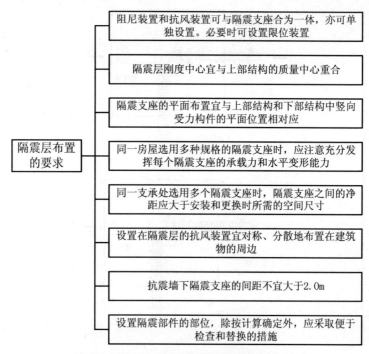

图 6-27　隔震层的布置应满足的要求

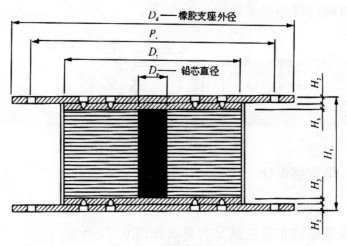

图 6-28　隔震橡胶支座

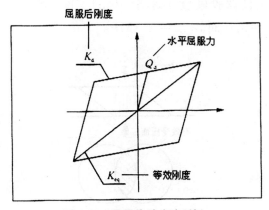

图 6-28　隔震橡胶支座(续)

$$S_1 = \frac{\pi D^2/4}{\pi D t_R} = \frac{D}{4t_R}$$

$$S_2 = \frac{D}{nt_R}$$

式中,$S_1 = \dfrac{单层橡胶受约束面积(受压面积)}{单层橡胶的自由表面(侧面积)}$,主要与竖向刚度和

转动刚度有关;$S_2 = \dfrac{橡胶直径}{橡胶层总厚度}$,主要与屈曲荷载和水平刚度

有关;t_R 为橡胶层厚度。橡胶隔震支座平均压应力的取值应在表 6-1 规定的范围之内。

表 6-1　橡胶隔震支座平均压应力限值

建筑类别	丙类建筑	乙类建筑	甲类建筑
平均压应力/MPa	15	12	10

　　隔震支座的基本性能之一是"稳定地支承建筑物重力"。通过表 6-1 列出的平均压应力限值,保证了隔震层在罕遇地震时的强度及稳定性,并以此初步选取隔震支座的直径。

　　在罕遇地震情况下,认为橡胶支座的变形限度值为 $0.55D$,将图 6-29 中的重叠部分作为有效受压面积,则得到最大平均压应力为:

$$\sigma_{max} = 0.45\sigma_{cr} = 15.3\text{MPa}$$

对 $S_2 < 5$ 且橡胶硬度不小于 40 的支座，当 $S_2 = 4.0$ 时 $\sigma_{max} = 12.1\text{MPa}$；$S_2 = 3.0$ 时，$\sigma_{max} = 9.3\text{MPa}$。

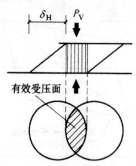

图 6-29　有效受压面积

（3）隔震层力学性能计算

设隔震层中隔震支座和单独设置的阻尼器的总数为 n；k_j、ξ_j 为第 j 个隔震支座、阻尼器的水平刚度、阻尼比。k_h、ξ_{eq} 为隔震层的等效水平刚度、等效阻尼比。

由单质点系统复阻尼理论，可以得到以下结果。

按隔震层特性，有：

$$m\ddot{u} + (1 + 2\xi_{eq}i)k_h u = 0$$

按隔震支座特性，有：

$$m\ddot{u} + \sum_{j=1}^{n}(1 + 2\xi_j i)k_j u = 0$$

等价条件为

$$m\ddot{u} + (1 + 2\xi_{eq}i)k_h = \sum_{j=1}^{n}(1 + 2\xi_j i)k_j u$$

令实部相等，得隔震层等效水平刚度为

$$k_h = \sum_{j=1}^{n}k_j$$

令虚部相等，得隔震层等效阻尼比为

$$\xi_{eq} = \frac{\sum_{j=1}^{n}k_j \xi_j}{k_h}$$

3. 基础

基础设计时不考虑隔震产生的减震效应,按原设防烈度进行抗震设计。

4. 隔震层以下结构

隔震层以下的结构和基础应符合如图 6-30 所示的要求:

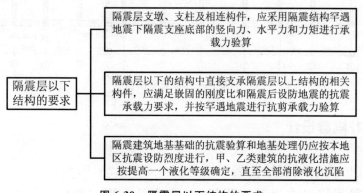

图 6-30　隔震层以下结构的要求

6.3.3　隔震结构设计实例

1. 工程概况

该建筑为一住宅楼,其工程概况如下:

①房屋结构形式:砖混砌体结构(带半地下室,横墙承重,普通黏土砖,外墙墙厚 360mm,内墙墙厚 240mm)。

②房屋建筑平面图见图 6-31,房屋基本参数如下:房屋层数为 6、总高度为 17.7m、最大高宽比为 1.612、每层高为 2.8m、平面尺寸为 $32.48 \times 10.98 m^2$。

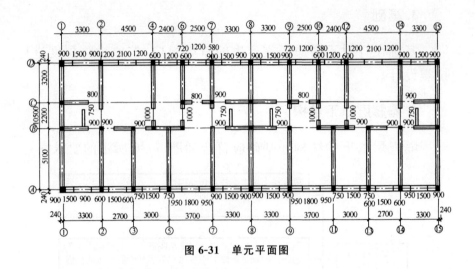

图 6-31 单元平面图

2. 隔震设计

（1）确定隔震层位置

隔震层设在地下室顶部，在承受压力较大的位置设置橡胶隔震支座。

经计算，隔震层上部总重力 $G=54320\text{kN}$，其中：$G_1=G_2=G_3=G_4=G_5=9166.5\text{kN}$，$G_6=8\,487.5\text{kN}$。质心坐标为（16000，5100），单位 mm。

（2）隔震支座的选型、布置

该建筑类型为丙类建筑物，其隔震支座限值为 15MPa，计算所需支座的直径，并按图 6-32 所示的平面图进行布置。

通过反复计算，择优选用两种类型的隔震支座：GZY400V5A（44 个），GZY350V5（2 个）的铅芯隔震支座，其刚度、阻尼比、总数及橡胶支座的第二形状系数见表 6-2。

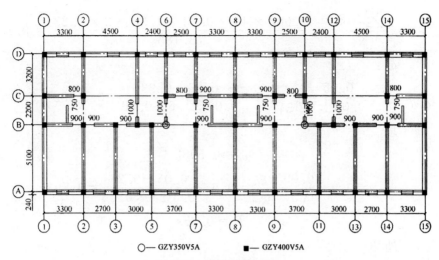

○——GZY350V5A　　■——GZY400V5A

图 6-32　隔震垫布置图

表 6-2　隔震支座基本参数

型号 \ 属性	设计承载力 (kN)	水平变形 (100%)		水平变形 (250%)		总数	第二形状系数
		水平刚度 (kN/mm)	阻尼比 (%)	水平刚度 (kN/mm)	阻尼比 (%)		
GZY400V5A	1440	1.350	23	0.893	14	2	5.25
GZY350V5A	1880	1.602	23	1.032	14	44	5.83

（3）水平减震系数 β 的计算

多遇地震时，即采用隔震支座剪切变形为 100% 的水平刚度和等效黏滞阻尼比得水平向减震系数为：

$$\beta = 1.2\eta_2 \left(\frac{T_g}{T_1}\right)^2$$

$$\eta_2 = 1 + \frac{0.05 - \xi_{eq}}{0.08 + 1.6\xi_{eq}}$$

$$K_h = \sum K_j = 1.35 \times 2 + 1.602 \times 44 = 73.188 \text{kN/mm}$$

$$T_1 = 2\pi \sqrt{\frac{G}{K_h g}} = 2\pi \sqrt{\frac{54320}{73188 \times 9.8}} = 1.729 \text{s}$$

$$\xi_{eq} = \frac{\sum K_j \xi_j}{K_h} = \frac{1.602 \times 44 \times 0.23 + 1.35 \times 2 \times 0.23}{73.188} = 0.23$$

故：

$$\eta_2 = 1 + \frac{0.05 - \xi_{eq}}{0.08 + 1.6\xi_{eq}} = 1 + \frac{0.05 - 0.23}{0.08 + 1.6 \times 0.23} = 0.5982 > 0.55$$

取

$$\eta_2 = 0.5982$$

$$\gamma = 0.9 + \frac{0.05 - \xi_{eq}}{0.3 + 6\xi_{eq}} = 0.9 + \frac{0.05 - 0.23}{0.3 + 6 \times 0.23} = 0.793$$

$$T_g = 0.35s$$

所以，

$$\beta = 1.2 \times 0.5982 \times (\frac{0.35}{1.7291})^{0.793} = 0.202$$

(4)上部结构的计算

①水平地震作用标准值 F_{ek}：

$$F_{ek} = \alpha_{max1} \cdot G$$

其中：

$$\alpha_{max1} = \beta\alpha_{max}/\varphi$$

这里取 $\varphi = 0.8$，α_{max} 按中震取 0.225。

所以

$$F_{ek} = \frac{0.202 \times 0.225}{0.8} \times 54\ 320 = 3086.055 kN$$

②隔震后各层分布的地震剪力 F_i：

$$F_i = \frac{G}{\sum G_i} F_{ek}$$

计算结果见表 6-3。

表 6-3　计算结果

层数	G_i (kN)	$\sum G_i$ (kN)	F_{ek} (kN)	F_i (kN)	V_i (kN)	$U_i / \sum_{j=1}^{n} G_j$ (kN)
6	8487.5			482.20	482.20	0.057
5	9166.5			520.77	1002.97	0.057
4	9166.5	54320	3086.055	520.77	1523.74	0.057
3	9166.5			520.77	2044.51	0.057
2	9166.5			520.77	2565.28	0.057
1	9166.5			520.77	3086.05	0.057

由表 6-3 知,结构任意楼层的水平地震剪力系数 $\lambda = 0.057$,满足抗震规范中关于最小地震剪力系数的规定。

结构水平地震作用计算简图及结构水平剪力图如图 6-33 所示。

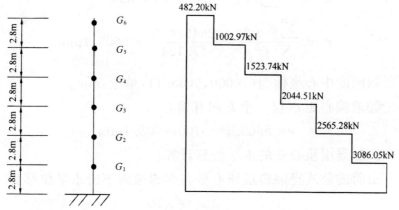

图 6-33　结构水平地震作用计算简图及水平剪力分布图(隔震后)

③设防烈度为 7 度不用进行竖向地震作用计算。

(5)隔震层水平位移验算

罕遇地震时,采用隔震支座剪切变形不小于 250% 时的剪切刚度和等效黏滞阻尼。

1)计算隔震层的刚心位置和偏心矩 e

如图 6-32 所示，采取图示坐标系，设刚心位置坐标为 (x, y) 则：

①求水平刚度中心横坐标 x：

$$\sum K'_h x_i = \sum K'_h \times x$$

$$\sum K'_h x_i = 755104\text{kN}$$

$$\sum K'_h = 0.893 \times 2 + 1.032 \times 44 = 47.194\text{kN/mm}$$

$$x = \frac{\sum K'_h x_i}{\sum K'_h} = \frac{755104}{47.194} = 16000\text{mm}$$

②求水平刚度中心纵坐标 y：

$$\sum K'_h y_i = \sum K'_h \times y$$

$$\sum K'_h y_i = 264528.6\text{kN}$$

$$\sum K'_h = 47.194\text{kN/mm}$$

$$x = \frac{\sum K'_h y_i}{\sum K'_h} = \frac{264528.6}{47.194} = 5605.1\text{mm}$$

则刚度中心坐标为 $(16000, 5605.1)$，单位：mm。

③求偏心矩 e（仅一个方向有偏心）：

$$e = 5605.1 - 5100 = 505.1\text{mm}$$

2)隔震层质心处的水平位移计算

由前述公式得隔震层质心处在罕遇地震下的水平位移为：

$$v_c = \frac{\lambda_s \alpha_1(\xi'_{eq}) G}{K'_h}$$

其中：

$$\lambda_s = 1.0$$

$$T_g = 0.35\text{s}$$

$$K'_h = \sum K'_j = 47.194\text{kN/mm}$$

$$T'_1 = 2\pi\sqrt{\frac{G}{K'_h g}} = 2\pi\sqrt{\frac{54320}{47194 \times 9.8}} = 2.153\text{s} > 5T_g = 1.75\text{s}$$

所以

$$\alpha_1(\xi'_{eq}) = [\eta_2 0.2^\gamma - \eta_1(T_1 - 5T_g)]\alpha_{max}$$

$$\xi'_{eq} = (\sum K'_j \xi'_j)/K'_h$$

$$= \frac{1.032 \times 44 \times 0.14 + 0.893 \times 2 \times 0.14}{47.194}$$

$$= 0.14$$

$$\gamma = 0.9 + \frac{0.05 - \xi'_{eq}}{0.3 + 6\xi'_{eq}} = 0.9 + \frac{0.05 - 0.14}{0.3 + 6 \times 0.14} = 0.821$$

$$\eta_2 = 1 + \frac{0.05 - \xi'_{eq}}{0.08 + 1.6\xi'_{eq}} = 1 + \frac{0.05 - 0.14}{0.08 + 1.6 \times 0.14} = 0.704 > 0.55$$

$$\eta_1 = 0.02 + \frac{0.05 - \xi'_{eq}}{4 + 32\xi'_{eq}} = 0.02 + \frac{0.05 - 0.14}{4 + 32 \times 0.14} = 0.0094$$

$$\alpha_{max} = 0.5$$

故：

$$\alpha_1(\xi'_{eq}) = [0.704 \times 0.2^{0.821} - 0.0094 \times (2.153 - 5 \times 0.35)] \times 0.5$$

$$= 0.092$$

则：

$$v_c = \frac{1.0 \times 0.092 \times 54320}{47.194} = 105.891$$

3）水平位移验算（验算最不利支座）

①验算最右上角支座 GZY400V5A（轴(15)/D）。

a. 扭转影响系数 η_i：

$$s_i = 10500 - 5605.1 = 4894.9 mm$$

$$\eta_i = 1 + 12es_i/(a^2 + b^2)$$

$$= 1 + 12 \times 505.1 \times \frac{4894.9}{(32480^2 + 10980^2)}$$

$$= 1.025 < 1.15$$

因为该支座为边支座，故取 $\eta_i = 1.15$。

b. 水平位移 v_i：

$$v_i = \eta_i v_c = 1.15 \times 105.891 = 121.775 mm$$

$[v_i] = \min\{0.55$ 倍有效直径，支座个橡胶层总厚度的 3 倍$\}$

$$=\min\{0.55\times400=220\text{mm},102.58\times3=307.74\text{mm}\}$$

$$=220\text{mm}$$

显然，$v_i<[v_i]$，故支座变形满足要求。

②验算支座 GZY350V5A（轴（6）/B）

a. 扭转影响系数碾：

$$s_i=5605.1-5100=505.1\text{mm}$$

$$\eta_i=1+12es_i/(a^2+b^2)$$

$$=1+12\times505.1\times\frac{505.1}{(32480^2+10980^2)}$$

$$=1.003$$

b. 水平位移 v_i：

$$v_i=\eta_iv_c=1.003\times105.891=106.167\text{mm}$$

$$[v_i]=\min\{0.55\text{倍有效直径，支座个橡胶层总厚度的3倍}\}$$

$$=\min\{0.55\times350=192.5\text{mm},102.42\times3=301.26\text{mm}\}$$

$$=192.5\text{mm}$$

显然，$v_i<[v_i]$，故支座变形满足要求。

（6）隔震层下部的计算

各隔震层的水平剪力按刚度分配：

①隔震层在罕遇地震作用下的水平剪力计算。

根据公式 $V_c=\lambda_s\alpha_1(\xi_{eq})G$ 得砌体结构在罕遇地震作用下的水平剪力为：

$$V_c=\lambda_s\alpha_1(\xi_{eq})G$$

$$=1.0\times0.092\times54320$$

$$=4997.44\text{kN}$$

②隔震层的总刚度 $K'_h=47.194\text{kN/mm}$，各隔震垫的受力情况见表 6-4。

表 6-4　各隔震垫受力情况

隔震垫号	刚度（kN/mm）	剪力（kN）	竖向荷载（kN）
轴①/D	1.032	109.28	776.6

隔震垫号	刚度(kN/mm)	剪力(kN)	竖向荷载(kN)
轴②/D	1.032	109.28	1331.6
轴④/D	1.032	109.28	1540.6
轴⑥/D	1.032	109.28	955.8
轴⑦/D	1.032	109.28	1074.8
轴⑧/D	1.032	109.28	1170.8
轴⑨/D	1.032	109.28	1074.8
轴⑩/D	1.032	109.28	939.8
轴⑩/D	1.032	109.28	1540.5
轴⑩/D	1.032	109.28	1331.6
轴⑩/D	1.032	109.28	638.8
轴①/C	1.032	109.28	986.7
轴②/C	1.032	109.28	1027.2
轴⑥/C	1.032	109.28	865.25
轴⑦/C	1.032	109.28	1250.4
轴⑧/C	1.032	109.28	1334.7
轴⑨/C	1.032	109.28	1250.4
轴⑩/C	1.032	109.28	865.2
轴⑩/C	1.032	109.28	1027.2
轴⑩/C	1.032	109.28	830.1
轴①/B	1.032	109.28	1123.1
轴②/B	1.032	109.28	1616.05
轴③/B	1.032	109.28	1181.7
轴④/B	1.032	109.28	1145.7
轴⑤B	1.032	109.28	1138.35
轴⑥/B	1.032	94.56	464.6
轴⑦/B	1.032	109.28	1250.3
轴⑧/B	1.032	109.28	1613.65
轴⑨/B	1.032	109.28	1250.3

隔震垫号	刚度(kN/mm)	剪力(kN)	竖向荷载(kN)
轴⑩/B	1.032	94.56	465.2
轴⑩/B	1.032	109.28	1139.55
轴⑩B	1.032	109.28	1147.2
轴⑩/B	1.032	109.28	1183.95
轴⑩/B	1.032	109.28	1619.05
轴⑩/B	1.032	109.28	1046.15
轴①/A	1.032	109.28	988.25
轴②/A	1.032	109.28	1348.35
轴③/A	1.032	109.28	1331.55
轴⑤/A	1.032	109.28	1480.2
轴⑦/A	1.032	109.28	1430.7
轴⑧/A	1.032	109.28	1387.05
轴⑨/A	1.032	109.28	1430.7
轴⑩/A	1.032	109.28	1480.2
轴⑩/A	1.032	109.28	1331.55
轴⑩/A	1.032	109.28	1348.35
轴⑩/A	1.032	109.28	850.35

③隔震层以下的柱的受力简图[以轴(15)/D 为例],见图 6-34。

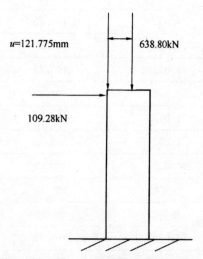

u=121.775mm　638.80kN

109.28kN

图 6-34　轴(15)/D 隔震基础的受力简图

6.4 建筑隔震结构的施工与维护

6.4.1 隔震层施工的关键问题

隔震结构是建筑进行防震的重要有效手段之一,其结构与一般的传统结构有所不同,故其在进行施工时,都必须严格按照有关规范进行操作。

在进行隔震层的施工时,严禁任何因素对其位置产生影响,并且要对施工人员进行说明:不得损伤隔震支座以及其零部件。

除此之外,为了实现上部结构与地面的"隔离",底层楼梯与主体结构的隔离处理,上下水、煤气、供暖及配电管道穿越隔震层时的柔性化问题等都是隔震结构施工中所特有的问题。在隔震层施工过程中,需要重点予以解决。

1. 隔震支座安装平面轴线位置、水平度和整体标高的精度

在隔震层发生水平位移时,如果隔震支座的安装位置有过大误差将会出现多种不利影响,如图 6-35 所示。

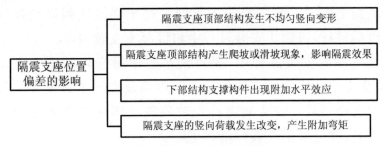

图 6-35 隔震支座位置偏差的影响

为避免上述情况的发生,《叠层橡胶支座隔震技术规程》(CECS126:2001)对安装误差提出了量化的要求。在施工中确保能够达到要求,应从以下几方面入手。

（1）严格控制支柱或支墩轴线位置与顶部标高

隔震支座首先在支柱或支墩的顶上就位，因此支柱或支墩的轴线位置和顶部标高的控制是隔震支座安装到位的关键。按《叠层橡胶支座隔震技术规程》（CECS126：2001）要求，支座底部中心标高偏差不大于 5mm，轴线偏差不大于 3mm，单个支座的倾斜度不大于支座直径的 1/300，否则支座将产生偏心受压现象，严重时支座会产生扭曲、歪斜，失去正常工作能力。

（2）浇捣墩柱顶部混凝土前后的复测

预埋套筒在进行混凝土浇筑的过程中非常不稳定，经常发生位移现象，且发生偏差后，想要修复这个错误极其困难。所以在进行混凝土浇筑的操作中，要特别注意浇筑设备对预埋件产生影响，尽量避免对预埋件的冲击。待浇筑操纵完成之后，对预埋件的位置进行复测，防止出现位移现象。若是发现此现象，应立即进行修复。

对于体积较大的墩柱，为避免浇铸时对预埋锚筋件位置的干扰，可以采用二次浇铸的方法。

2. 隔震支座的吊装和安装固定

由于隔震支座比较厚重，给吊装、位置微调和安装固定带来了非常大的困难，是一项较为严峻的挑战。

隔震支座的安装应等待下支墩混凝土强度达到设计强度的 75% 以后进行，以防止安装过程中将混凝土支墩损坏。

在支座的安装过程中，要特别小心不得损坏隔震支座及配件，防止支座达不到原有的作用。隔震器及预埋上板安装过程中要核对支座型号。安装前应首先对隔震支座法兰盘下底面油漆进行修补，并把混凝土表面清扫干净。

在隔震支座现场安装过程中，可采用汽车吊进行吊装。在隔震支座上专门有厂家为安装吊具提供的吊点，吊装时可直接用钢丝绳穿过吊点，切忌穿过隔震支座的螺栓孔中。在整个吊装过程中，需要保持隔震支座的平稳，应做到上下两个面平行，不得倾斜。

3.穿过隔震层的设备管线的处理

隔震建筑在设备管线方面与普通建筑的差异在于通过隔震层的设备管线应当具有能够随上部结构的变位产生较大位移而不发生破坏的能力。为了确保设备管线具有上述能力,所有穿过隔震层的管线、槽、壁垒引线等,当直径较小时,可以采取在隔震缝处挠曲的方法,预留足够的伸展长度;对于直径较大的管线,要采用柔性接头,并保证管线在隔震缝处自由错动量与设计要求一致。

有些施工人员认为设备管线属于附属设施,对其施工中的质量管理有所放松,这种做法是完全错误的。在汶川地震中发现有几栋隔震建筑,虽然上部结构晃动程度比普通建筑轻,但地下的一些管线由于房屋水平移动而发生了损坏。

在研究设备管线的施工方案阶段,应主要确定以下几方面的内容:

①依据设计目标,确定穿越隔震层管线所需的最大变形量。

②穿越隔震层管线柔性连接的构造。

③穿越隔震层管线的施工流程及确保能够进行后期维护的措施。

④做好各工种专业的密切配合,做好预留孔洞、预埋铁件等工作。

4.支座梁底模板的支护及与周围结构的脱开

在对隔震支座进行安装时,还应考虑到支座的更换问题。由于种种因素,例如,支座老化、遭遇火灾等造成支座的损坏,此时,支座更换应较为便利。因此,在进行隔震支座的施工时,需要在其表面铺设一层SBS防水卷材。

待支座安装完成以后,需要在支座上方采用定型模板来与上部结构的柱和梁相交。模板与上连接板接触严实,二者之间的缝隙都需要使用胶带纸粘贴牢固,防止混凝土浇筑时产生漏浆,并在梁模板边缘加钢管支撑,以防止混凝土浇筑过程中跑模等造成混凝土堵塞,模板拆除不净等阻碍上部结构自由移动,影响结构安全。

6.4.2 隔震层施工的工艺流程

隔震层施工的一般工艺流程可以参考图 6-36。

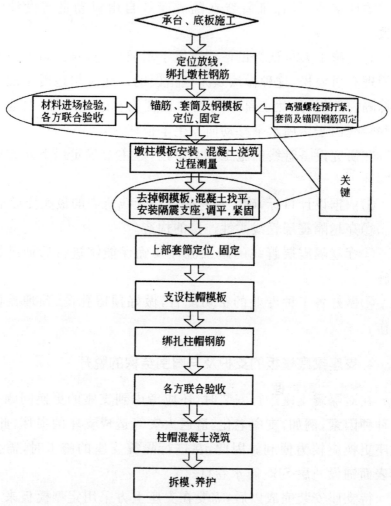

图 6-36 隔震层的施工工艺流程

隔震层施工的操作要点如下:

①承台或底板施工。

②测量定位。

③绑扎墩柱钢筋。

④预埋件的定位、固定。支柱或支墩上的预埋件包括预埋锚筋或锚杆及与其相连的预埋钢板。对其安装固定是隔震层施工的一个难点。在安装过程中,应对其轴线、标高和水平度进行精确的测量定位,在确保位置准确的前提下,应采取有效措施对其位置进行固定。

⑤墩柱侧模安装。

⑥墩柱浇筑。

⑦安装隔震支座。

⑧上部预埋套筒、预埋钢筋固定。

⑨铺设油毡。

⑩柱帽底模安装。

⑪柱帽钢筋绑扎。

⑫修补隔震支座油漆。修补完成后应尽快对隔震层采取有效保护措施,防止后续施工过程中对其损害。

6.4.3　隔震结构的日常维护

对隔震建筑进行工程维护检查,并针对检查中发现的问题进行专项整改,消除安全隐患。

1. 维护检查管理的必要性

对隔震层进行维护管理的目的主要有以下三方面:

①确保隔震层各隔震构件的有效性,使其隔震性能充分发挥,保证建筑物的安全性不会降低。

②确保隔震建筑当初的设计思想和设计条件不会发生改变,以致影响隔震层性能的发挥;如果设计条件发生了改变,应制定相应措施,以保证隔震层的隔震性能,确保建筑物的安全。

③确保穿越隔震层的设备管线及连接构件的使用性能满足设计要求,并具有在地震时随建筑物与地基间产生较大的相对变形的性能。

2. 维持性能的检验、检查

地震发生时,隔震建筑会产生位移。因此,建筑物周围必须留有一定的可利用空间。且在这个空间中,尽量不要存放车辆或者货物,防止地震发生时,建筑物因位移缘故与存放物产生碰撞或者摩擦,导致建筑物的隔震作用大打折扣。

在隔震层中的各个部件都会产生老化现象,对建筑物的抗震作用产生不利影响。因此,必须定期对各个部件进行检查,注意安全性是否可靠。一经发现问题,就需要由专门的技术人员进行记录并解决问题,以保证建筑物的抗震功能正常。

除上述所说注意事项外,建筑物也应遵循一定的规则,包括不得随意改变建筑物的大小。因为建筑物面积的改变对于建筑物的抗震功能影响很大,必须提前与设计建造部门进行沟通。

3. 检查、检验的种类

检查的对象和部位主要有以下三个:①隔震构件;②隔震层和建筑物外周;③设备管线及其柔性连接部位。

隔震层的检查分为竣工检查、经常性检查、定期检查和临时检查四种情况。

(1)竣工验收检查

竣工检查是在建筑物竣工时进行,是由施工人员与监理人员来测定,记录的数据需要保存,以便日后进行维护。

(2)定期检验

为能及时发现建筑物抗震性能是否保持完好,建筑物是否出现异常以及建筑物是否发生故障,都需要对建筑物进行定期检查检验。频率可保持在一年一次。

（3）应急检验

所谓的应急检验指的是建筑物在发生灾害情况下，其抗震性能是否依然保持完整。灾害的情况包括发生震感强烈的地震、水灾、火灾以及强风等天气。

（4）经常性检验

经常性检查是对隔震构件进行的经常性的巡视，以及时发现异常，防止危险，正常情况下，半年一次。

4.维护管理的实施人员和体制

对于经常性检查，一般可由建筑物所有者委托的建筑维护管理人员进行；定期检查和临时检查可由隔震建筑及其维护管理专业技术人员进行。

在维护管理工程中所涉及的三方人员分别承担以下不同责任：

①建筑所有者从设计人员处接受维护管理方案，委托维护管理机构进行维护管理业务。在接到维护管理机构的检查报告时，应进行必要的改善。

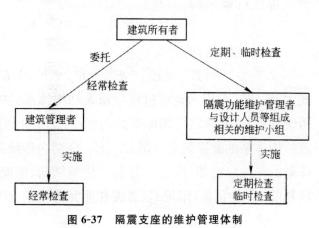

图 6-37 隔震支座的维护管理体制

②建筑管理人员承担经常性检查，并将结果向隔震功能维护管理人员报告。

③隔震功能维护管理人员由具有隔震结构知识的人员组成，进行定期检查和临时检查，审核经常性检查的结果，将检查结果向建筑所有者报告，并提出相应的改进措施和方案。

具体维护管理体制如图 6-37 所示。

第 7 章　建筑结构消能减震设计

随着技术的不断进步和造价的不断降低,消能减震技术越来越成熟,应用越来越广泛,它在一定程度上可以减轻地震给人类带来的伤害。

7.1　建筑结构消能减震原理

消能减震的原理可以从能量的角度来描述,如图 7-1 所示,结构在地震中任意时刻的能量方程如下。

传统抗震结构:

$$E_{in} = E_v + E_c + E_k + E_h$$

消能减震结构:

$$E'_{in} = E'_v + E'_c + E'_k + E'_h + E'_d$$

式中,E_{in}、E'_{in} 分别为地震过程中输入结构体系的能量;E_v、E'_v 分别为传统结构、消能减震结构体系的动能;E_c、E'_c 分别为传统结构、消能减震结构体系的黏滞阻尼耗能;E_k、E'_k 分别为传统结构、消能减震结构体系的弹性应变能;E_h、E'_h 分别为传统结构、消能减震结构体系的滞回耗能;E_d 为消能(阻尼)装置或耗能元件耗散或吸收的能量。

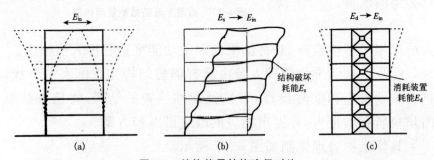

图 7-1　结构能量转换途径对比

(a)地震输入;(b)传统抗震结构;(c)消能减震结构

一般来说,结构的损伤程度与结构的最大变形 Δ_{max} 和滞回耗能(或累积塑性变形)E_h 成正比,可以表达为

$$D = f(\Delta_{max}, E_h)$$

在消能减震结构中,由于最大变形 Δ'_{max} 和构件的滞回耗能 E'_h 较之传统抗震结构的最大变形 Δ_{max} 和滞回耗能 E_h 大大减少,因此结构的损伤大大减少。

7.2　建筑结构消能减震装置与部件

7.2.1　建筑结构消能减震装置

1. 金属阻尼器

金属阻尼器是用软钢或其他软金属材料做成的各种形式的阻尼消能器。它对结构进行振动控制的机理是将结构振动的部分能量通过金属的屈服滞回耗散掉,从而达到减小结构反应的目的。金属屈服后具有良好的滞回性能,比较典型的有图 7-2 所示的 X 形板和三角形板阻尼器。图 7-3 所示为一典型金属阻尼器的滞回曲线。

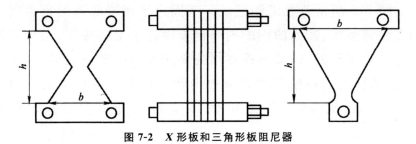

图 7-2　X 形板和三角形板阻尼器

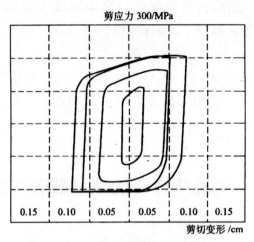

图 7-3　金属阻尼器典型滞回曲线

2. 黏滞阻尼器

黏滞阻尼器是通过高黏性的液体(如硅油)中活塞或者平板的运动耗能。这种消能器在较大的频率范围内都呈现比较稳定的阻尼特性,但黏性流体的动力黏度与环境温度有关,使得黏滞阻尼系数随温度变化。比较成熟的黏滞型消能器主要有筒式流体消能器和黏滞阻尼墙。筒式流体消能器的构造如图 7-4(a)所示,它利用活塞前后压力差使消能器内部液体流过活塞上的阻尼孔产生阻尼力,其恢复力特性如图 7-4(b)所示,其滞回曲线的形状近似椭圆。

图 7-5 所示为黏滞阻尼墙。其固定于楼层底部的钢板槽内填充黏滞液体,插入槽内的内部钢板固定于上部楼层,当楼层间产生相对运动时,内部钢板在槽内黏滞液体中来回运动,产生阻尼力,其恢复力特性与筒式流体消能器接近。这种阻尼墙可提供较大的阻尼力,不易渗漏,且其墙体状外形容易被建筑师接受。

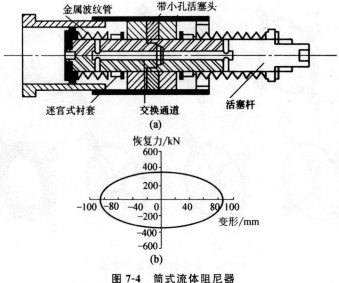

图 7-4　筒式流体阻尼器

(a)阻尼器构造;(b)恢复力特性

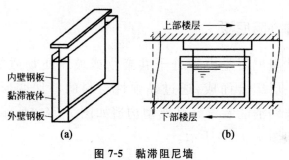

图 7-5　黏滞阻尼墙

(a)构造原理;(b)设置

3. 金属圆环减震阻尼器

金属圆环减震阻尼器主要由金属圆环和支撑组成,在地震作用下支撑产生往复拉力和压力使圆环变成椭圆(方框变成平行四边行)而产生塑性滞回变形而耗能。为了提高阻尼器的耗能能力,还提出了双环、加劲、加盖金属圆环减震阻尼器,如图 7-6 所示。

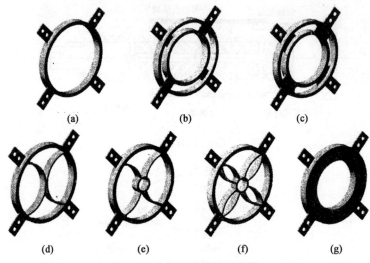

图 7-6　金属圆环减震阻尼器

（a）单圆环；（b）双圆环；（c）双圆环局部加强；

（d）X 形加劲；（e）蝶形加劲；（f）花瓣形加劲；（g）加盖

4. 黏弹性阻尼器

黏弹性阻尼器是由异分子共聚物或玻璃质物质等黏弹性材料和钢板夹层组合而成，通过黏弹性材料的剪切变形耗能，是一种有效的被动消能装置。其典型构造如图 7-7(a)所示，典型的恢复力曲线如图 7-7(b)所示。

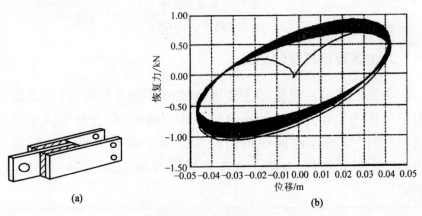

图 7-7　黏弹性阻尼器

（a）黏弹性阻尼器构造；（b）恢复力特性

5. 软钢剪切阻尼器

钢材是应用中最广泛采用的建筑材料之一。钢材在不发生断裂的情况下,能够表现出如图 7-8(a)所示的饱满的纺锤形的滞回曲线,具有良好的耗能能力。因此金属屈服型消能器中广泛采用钢材作为耗能材料。低碳钢屈服强度低、延性高,采用低强度高延性钢材的消能器也称为软钢消能器。与主体结构相比,软钢消能器可较早地进入屈服,利用屈服后的塑性变形和滞回耗能来耗散地震能量。软钢消能器的耗能性能受外界环境影响小,长期性质稳定,更换方便,价格便宜。常见的软钢消能器主要有钢棒消能器、软钢剪切消能器、锥形钢消能器等。最典型的软钢消能器是软钢剪切消能器,其典型构造如图 7-8(b)所示。软钢剪切消能器的设计需要重点考虑加劲肋的布置,以有效控制腹板屈曲。加劲肋不宜太密,因为加劲肋的焊接会带来较高的残余应力,降低软刚剪切消能器的低周疲劳性能。但加劲肋太少会导致腹板局部屈曲,滞回曲线不饱满且容易断裂。

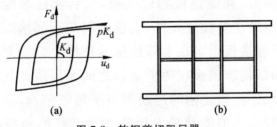

图 7-8　软钢剪切阻尼器
(a)恢复力特性;(b)阻尼器构造

6. 金属弯曲阻尼器

钢滞变消能器由多块耗能钢板组合而成,消能器的变形方向沿耗能金属板面外方向,使每块金属耗能板通过弯曲屈服变形耗能。通过设计钢板的截面形式,使得耗能金属板中尽可能多的体积参与塑性变形,增加消能器的耗能能力。典型钢滞变消能器的构造和滞回曲线如图 7-9(a)和(b)所示。

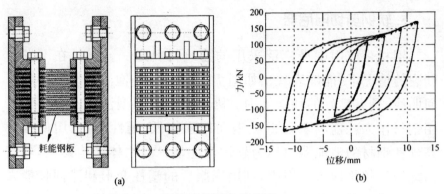

图 7-9　钢滞变消能器

(a)消能器构造；(b)恢复力特性

　　履带式消能器是一种能够适应大位移需求的金属屈服消能器，其很好地利用了金属的弯曲变形。良好设计的弯曲型金属消能器可以更加充分地利用金属的变形能力。履带式消能器在变形过程中，屈服位置不断变化，使得消能器的低周疲劳性能更加优越。履带式消能器不仅可以用于建筑结构，也可以用于有大变形需求的桥梁结构。履带式消能器的结构如图 7-10(a)所示，主要包括两个部分：耗能钢板和连接板，二者通过螺栓连接。耗能钢板是消能器的主要耗能元件，上连接板与上部楼层或桥梁上部结构相连，下连接板固定在上部楼层或桥墩上。当上下连接板发生相对位移时，耗能钢板在两个钢板之间碾压滚动耗能。由于耗能钢板在两块连接板之间的运动类似于履带爬行，故称之为履带式消能器。履带式消能器最大优势在于其耗能钢板的屈服位置在消能器变形过程中不断移动，有效避免了屈服变形集中的问题。其变形能力仅受到耗能钢板平台段长度的限制，可以适应较大的相对位移需求。

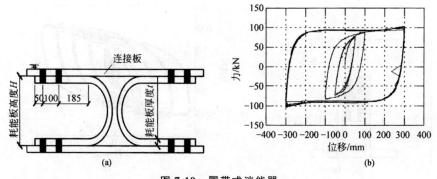

图 7-10　履带式消能器

(a)消能器构造；(b)恢复力特性

7.铅消能器

铅具有较高的延展性能,储藏变形能的能力很大,同时有较强的变形跟踪能力,能通过动态恢复和再结晶过程恢复到变形前的性态,适用于大变形情况。此外,铅比钢材屈服早,所以在小变形时就能发挥耗能作用。铅消能器主要有挤压铅消能器、剪切铅消能器、铅节点消能器、异型铅消能器等。挤压铅消能器的构造及其滞回特性分别如图 7-11(a)和(b)所示,可见铅消能器的滞回曲线近似矩形,有很好的耗能性能。剪切铅消能器的构造及其滞回特性分别如图 7-12(a)和(b)所示。铅消能器由于其生产和使用过程中存在对环境的不利影响,在实际工程中并未大量采用。

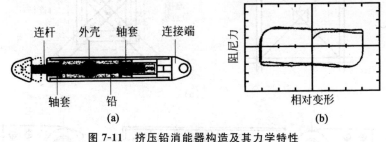

图 7-11　挤压铅消能器构造及其力学特性

(a)消能器构造；(b)滞回曲线

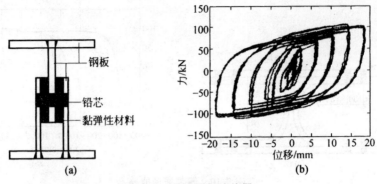

图 7-12　剪切型铅消能器

(a)消能器构造；(b)滞回曲线

8.摩擦消能器

　　摩擦耗能作用需在摩擦面间产生相对滑动后才能发挥，且摩擦力与振幅大小和振动频率无关，在多次反复荷载下可以发挥稳定的耗能性能。通过调整摩擦面上的面压，可以调整起摩力。在滑动发生以前，摩擦消能器不能发挥作用。

　　图 7-13(a)所示为 Pall 型摩擦消能器，图 7-13(b) 为 Sumitomo 摩擦消能器，图 7-13(c)所示为摩擦阻尼器恢复力学特性。

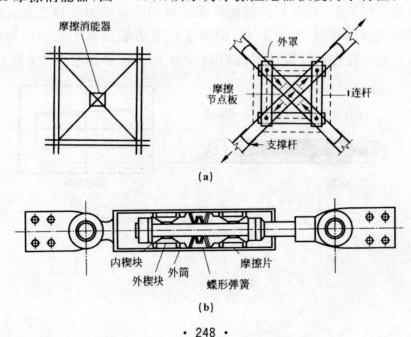

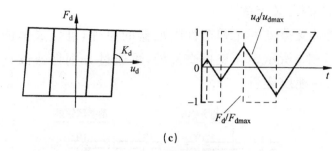

(c)

图 7-13　摩擦消能器

(a)Pall 型摩擦消能器构造；(b)简式摩擦消能器构造；(c)摩擦消能器恢复力特性

7.2.2　建筑结构消能减震部件

1. 消能支撑

消能支撑实质上是将各式阻尼器用在支撑系统上的耗能构件。常见的有如下形式：

（1）屈曲约束支撑

如图 7-14 所示的屈曲约束支撑由内核心钢板、钢套管及与钢套管之间填充的灰浆组成。在轴向拉压力作用下，屈曲约束支撑可承受压拉屈服，而不发生屈曲失稳，实现塑性变形，从而消耗地震能量输入。屈曲约束支撑常用的截面形式如图 7-14(b)所示。在实际工程中可布置成 K 形支撑、斜杆支撑、交叉支撑等。

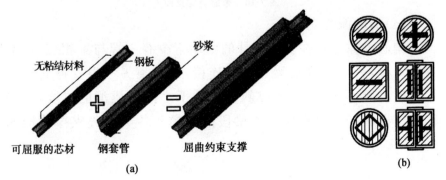

(a)

(b)

图 7-14　屈曲约束支撑

（a）结构组成；（b）常用的截面形式

（2）消能交叉支撑

在交叉支撑处利用弹塑性阻尼器的原理，可做成消能交叉支撑，如图 7-15 所示。在支撑交叉处，可通过方钢框或圆钢框的塑性变形消耗地震能量。

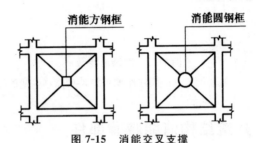

图 7-15　消能交叉支撑

（3）摩擦消能支撑

将高强度螺栓钢板摩擦阻尼器用于支撑构件，可做成摩擦消能支撑，如图 7-16 所示。摩擦消能支撑在风载或小震下不滑动，具有足够的刚度，不能产生翘曲和侧向失稳；而在大震下支撑滑动，降低结构刚度，减小地震作用，同时通过支撑滑动摩擦消耗地震能量。

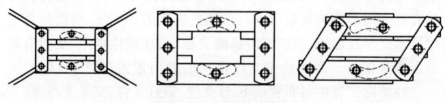

图 7-16　摩擦消能支撑

（4）消能偏心支撑

偏心支撑是指在支撑斜杆的两端至少有一端与梁相交，且不在节点处，另一端可在梁与柱处连接，或偏离另一根支撑斜杆一端长度与梁连接，并在支撑斜杆与柱子之间构成消能梁段，或在两根支撑斜杆之间构成消能梁段的支撑。各类偏心支撑结构如图 7-17 所示。

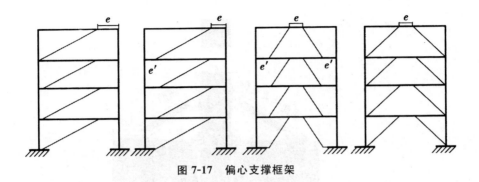

图 7-17　偏心支撑框架

2. 消能墙

消能墙实质上是将阻尼器或消能材料用于墙体所形成的耗能构件或耗能子结构。如图 7-18 所示为在消能墙中应用粘弹性阻尼器的实例,两块钢板中间夹有粘弹性(或粘性)材料,通过粘弹性(或粘性)材料的剪切变形吸收地震能量。其耗能效果与两块钢板相对错动的振幅、频率等因素有关,因此设计过程中要考虑这些因素的影响。

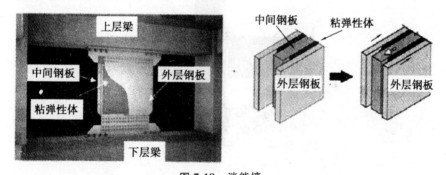

图 7-18　消能墙

3. 消能节点

消能节点是指在结构的梁柱节点或梁节点处安装消能装置,当结构产生侧向位移时,在节点处产生角度变化或转动式错动时,消能装置即可发挥消能减震作用。如图 7-19 所示的铰接节点中安装了屈曲约束支撑,从而实现了节点可吸收地震能量。

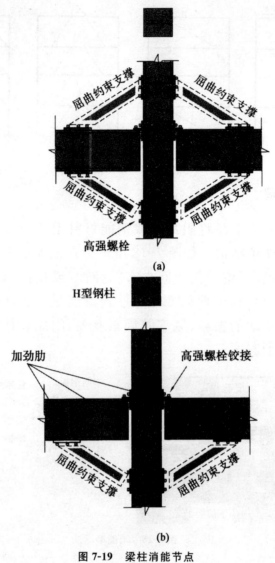

图 7-19　梁柱消能节点

(a)D 型；(b)S 型

4.消能连接

　　消能连接是指在结构的缝隙处或结构构件之间的连接处设置消能装置,当结构在缝隙或连接处产生相对变形时,消能装置即可发挥消能减震作用,如图 7-20 所示。

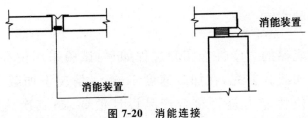

图 7-20　消能连接

5.消能支撑或悬吊构件

消能支撑或悬吊构件是指对于某些线结构(如管道、线路、桥梁的悬索、斜拉索的连接处等),设置各种支承或者悬吊消能装置,当线结构发生振动时,支承或悬吊构件即可发生消能减震作用。

7.3　消能器的性能检验

消能器实验是检验消能器性能能否达到相关要求的最直接的手段,如黏滞消能器性能实验、黏弹性消能器实验、软钢剪切消能器性能实验、屈曲约束支撑消能实验、摩擦消能器实验等等。

7.3.1　黏滞消能器性能实验

1.实验概况

对某国产消能器 YSX-VD-500 进行了力学性能实验,该消能器的设计参数如下:
①极限位移(mm):±75。
②最大阻尼力(kN):500。
③阻尼系数[kN・(s/mm)$^{0.15}$]:250。
④阻尼指数:0.15。

2. 加载方案

该消能器的力学性能实验过程如下：试验采用位移控制模式下的往复加载。首先，在加载速度 1mm/s 情况下加载 1 个循环，检测极限位移能力是否符合产品设计值要求；其次施加频率为 0.265Hz、幅值 60mm 的正弦波位移载荷，连续加载 3 个循环，确定最大阻尼力。最后针对 5 种加载频率，即 0.0636Hz、0.127Hz、0.19Hz、0.254Hz、0.318Hz，施加幅值 50mm 的正弦波位移荷载，每个频率循环加载 3 次，确定阻尼系数和阻尼指数。实验中采用的加载和测量装见表 7-1。

表 7-1　实验加载和测量装置

设备名称	设备型号	数量	备　注
IST 动态试验系统	MSP300	1 台	荷载±300kN、行程±200mm
控制器及数据采集	IST8800	1 台	通道 60，采样频率 100Hz
液压力放大比例系统		1 套	放大比例 2

3. 实验结果

黏滞消能器的典型滞回曲线如图 7-21 所示。实验结果如表 7-2 所示。

表 7-2　实验结果

项目	极限位移/mm	最大阻尼力/kN	阻尼系数/(kN·(s/mm)$^{0.15}$)	阻尼指数	20mm/s 出力/kN	40mm/s 出力/kN	60mm/s 出力/kN	80mm/s 出力/kN	100mm/s 出力/kN
50-01	±75	545	254.0	0.1509	363	406	466	523	545
50-02	±75	546	239.8	0.1563	364	406	453	521	546
50-03	±75	545	241.1	0.1623	360	402	450	514	545

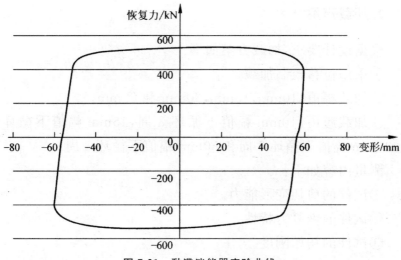

图 7-21　黏滞消能器实验曲线

4. 实验结论

实验结果表明,消能器 YSX-VD-500 的极限位移能力符合产品设计值要求、最大阻尼力、阻尼系数和阻尼指数实测值偏差的最大值均在产品设计值的±15％以内、实测值偏差的平均值在产品设计值的±10％以内,滞回曲线光滑,无异常,符合规范要求。消能器外观完好,实验中无机械划伤和渗漏。

7.3.2　软钢剪切消能器性能实验

1. 实验概况

对某国产软钢金属剪切型消能器 YSX-SPL-380 进行了性能测试。YSX-SPL-380 型软钢金属剪切型消能器设计参数如下:初始刚度值为 190kN/mm,屈服荷载为 380kN,屈服位移为2.0mm。YSX-SPL-380 型试件数量为 3 个;编号依次为 YSX-SPL-380-1,YSX-SPL-380-2,YSX-SPL-380-3。

2. 加载方案

根据设计要求,加载方案如下:

①采用位移控制加载。

②加载幅值:10mm,15mm,30mm 和 60mm。

③加载履历:10mm 幅值下循环 3 周,15mm 幅值下循环 30 周,30mm 幅值下循环 3 周和 60mm 幅值下循环 3 周。

测量内容如下:

①试件的剪切变形能力。

②试件的恢复力特性。

③试件的初始刚度。

④试件的屈服荷载和屈服位移。

采用的加载和数据采集设备如下:

①济南方辰 WAW-6000B 实验加载系统。

②东华测试公司 DH3816 数据采集系统。

3. 实验结果与结论

图 7-22 为该消能器的典型荷载-变形滞回曲线。

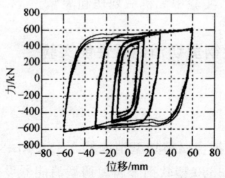

图 7-22 YSX-SPL-380 消能器的荷载-剪切变形滞回曲线

①YSX-SPL-380 消能器实验体在 10mm 幅值下循环 3 周,15mm 幅值下循环 30 周,30mm 幅值下循环 3 周和 60mm 幅值下循环 3 周后未发生显著破坏,符合设计要求。

②YSX-SPL-380 消能器试件荷载-位移曲线曲线显示,实验

体在往复荷载作用下提供稳定的恢复力，滞回曲线饱满。在 30 周循环加载作用下，YSX-SPL-380 消能器试件性能未发生显著衰减。测试得出试件各性能指标与设计要求的误差均在 10% 以内，符合设计要求。

7.4　消能减震部件的连接

7.4.1　连接与节点的一般要求

设计过程中对消能器与主体结构的连接应予以足够的重视，只有采用正确的连接才能保证地震下消能器正常工作，实现预期减震目标。消能器连接应与计算模型相符，消能器的连接应保证足够的强度，不应先于消能器失效。具体设计中，与消能器或消能部件相连的预埋件、支撑和支墩（剪力墙）及节点板的设计承载力应按以下要求取值：

①位移相关型消能器：不应小于消能器在设计位移下对应阻尼力的 1.2 倍。

②速度相关型消能器：不应小于消能器在设计速度下对应阻尼力的 1.2 倍。

消能器的连接应保证良好的稳定性，特别对于目前广泛使用的支撑型消能器，如屈曲约束支撑、黏弹性消能器支撑、黏滞消能器支撑等尤其重要。

消能器的连接部件应具有足够的刚度。连接部件的刚度太弱，结构中的变形将无法通过连接部件集中到消能器中，导致消能器效率降低。

消能器的连接与节点不应影响主体结构的变形能力。不合理的连接构造不仅影响消能器发挥作用，甚至会对主体结构的抗震性能产生不良影响。例如，采用墙柱连接的时候，如果不能保证墙柱和周边框架柱之间足够的变形缝,将可能使周边框架柱在地震中成为"短柱",出现剪切破坏。

7.4.2 常见连接与节点形式

实际工程中,消能器与主体结构最常见的连接包括:支撑型、墙型、柱型、门架式和腋撑型等,如图 7-23 所示。设计时应根据工程具体情况和消能器的类型合理选择连接形式。与消能器相连的支撑以及支承构件,应符合钢构件连接、钢与钢筋混凝土构件连接、钢与钢管混凝土构件连接的构造要求。

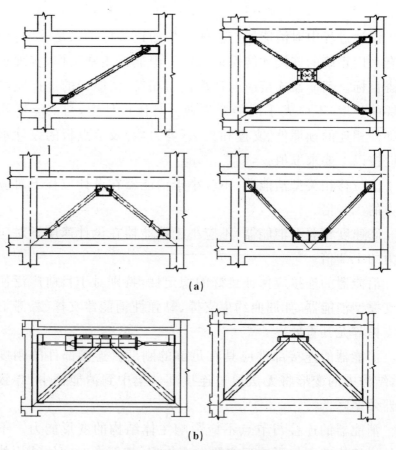

(a)

(b)

图 7-23　消能器与主体结构的连接形式

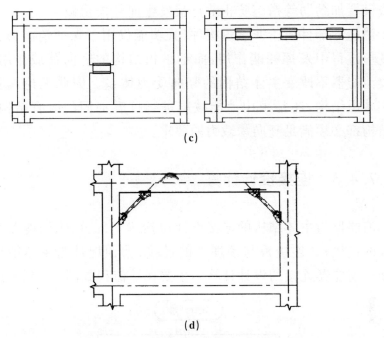

图 7-23　消能器与主体结构的连接形式（续）

（a）斜撑型；（b）门架型；（c）墙柱型；（d）腋撑型

　　消能器与支撑及连接件的连接方式分为：高强螺栓连接、销轴连接和焊接连接。考虑震后消能器的可更换性以及施工质量可控性，宜采用螺栓连接。当采用螺栓连接时，应保证相连节点的螺栓在罕遇地震下不发生滑移。屈曲约束支撑与连接板之间的连接多采用螺栓连接或焊接。筒式黏滞消能器与连接件之间的连接通常采用一端销轴连接，另一端采用法兰连接。黏弹性消能器通常通过支墩（墙柱）与主体结构连接。剪切软钢消能器与主体结构的连接方式与黏弹性消能器相似。

　　为保证消能器的变形绝大部分发生在消能器上，与消能器相连的预埋件、支撑和支墩（墙柱）及节点板应具有足够的刚度、强度和稳定性。同时在相应消能器极限位移或极限速度的阻尼力作用下，与消能器连接的支撑、墙（支墩）应处于弹性界限以内；消能部件与主体结构连接的预埋件、节点板等也应处于弹性工作状态，且不应出现滑移、拔出和局部失稳等破坏。节点板在支撑力作用下应具有足够的承载力和刚度，同时还应采取增加节点板厚度或设置加劲肋等措施防止节点板发生面外失稳破坏。

消能器部件属于非承重构件,其功能仅用于保证消能器在结构变形过程中发挥耗能作用,而不承担结构的竖向荷载作用,即增设消能器不改变主体结构的竖向受力体系。因此无论是新建消能减震结构,还是采用消能减震进行抗震加固的既有结构,主体结构都必须满足竖向承载力的要求。

7.4.3 连接设计计算

消能器与主体结构的连接设计包括三个部分:①消能器与连接板的连接;②连接板与预埋件的连接;③预埋件与主体结构的连接。消能器连接的设计计算的主要设计流程如图 7-24 所示。

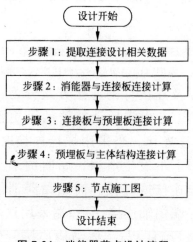

图 7-24 消能器节点设计流程

1. 提取连接设计相关数据

(1)消能器相关信息

①消能器本身参数:如软钢剪切消能器的屈服荷载、屈服位移、极限荷载、极限位移等。

②消能器的平面布置:消能器的位置、数量及布置形式等。

③消能器的产品尺寸:如屈曲约束支撑的外套筒尺寸、端头

形式及尺寸等。

(2)消能器安装位置的子框架信息

①计算用层高:梁底到楼面的距离。

②计算用跨度:柱子与柱子间净距。

③结构的梁柱尺寸。

2. 消能器与连接板的连接计算

消能器与连接板处的连接,可以采用螺栓连接和焊缝连接。考虑到施工质量的可控性和地震后消能器的可更换性,宜采用高强螺栓连接。以下针对工程中最常用的屈曲约束支撑和软钢剪切消能器说明采用螺栓连接的设计方法。

(1)屈曲约束支撑与连接板的连接计算

首先确定螺栓个数:

①节点作用力 $F=$ 极限力 $\times 1.2$。

②根据《钢结构设计规范》(GB 50017—2003)的 7.2.2 款,单个高强度螺栓抗剪设计值如下:

$$N_v = 0.9 n_f \mu P$$

式中,n_f 为传力摩擦面数目;μ 为摩擦面的抗滑移系数,应按表 7-3 采用;P 为单个高强度螺栓的预拉力,应按表 7-4 采用。

表 7-3　摩擦面的抗滑移系数 μ

在连接构件接触面的处理方法	构件的钢号		
	Q235 钢	Q345 钢、Q390 钢	Q420 钢
喷砂(丸)	0.45	0.50	0.50
喷砂(丸)后涂无机富锌漆	0.35	0.40	0.40
喷砂(丸)后生赤锈	0.45	0.50	0.50
钢丝刷清除浮锈或未经处理的干净轧制表面	0.30	0.35	0.40

表 7-4 单个高强度螺栓的预拉力 **P**

螺栓的性能等级	螺栓公称直径/mm					
	M16	M20	M22	M24	M27	M30
8.8 级	80	125	150	175	230	280
10.9 级	100	155	190	225	290	355

③高强度螺栓个数, n 为

$$n \geqslant \frac{F}{N_v}$$

式中, n 取正整数。

然后考虑螺栓的布置方式。根据屈曲约束支撑产品端头形式的不同,屈曲约束支撑与连接板螺栓的布置形式也有所不同。以屈曲约束支撑为例,屈曲约束支撑的端头一般有十字型和工字型两种截面。

十字型截面的螺栓布置一般都沿十字截面的四个翼缘错开布置,螺栓间距一般为 100~120mm,并用夹板连接,夹板的宽度 $\geqslant 3d_0$ (d_0 为螺栓孔直径)。

工字型截面的螺栓一般布置在翼缘和腹板处。对于小吨位消能器,也可采用与十字型截面类似的布置方式,螺栓间距为 100 ~120mm,螺栓排距 $\geqslant 3d_0$,边距 $\geqslant 1.5d_0$ (d_0 为螺栓孔直径);对于吨位较大的消能器,节点螺栓数量较多的情况,多采用梅花形布置。

(2)软钢剪切消能器与连接板的连接计算

常见的软钢剪切阻尼器与连接板的连接形式如图 7-25 所示。与屈曲约束支撑和连接板的连接不同,软钢剪切消能器的剪力对螺栓群除产生剪力外,还会产生平面内的弯矩,应对螺栓群的受力进行详细验算。

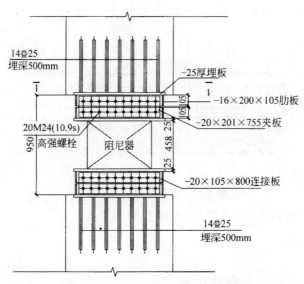

图 7-25　软钢剪切消能器连接示意图

螺栓布置情况详见图 7-26。

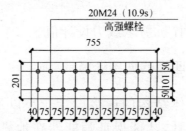

图 7-26　连接板螺栓布置示意图

①螺栓群的剪力设计值 V 和弯矩设计值 M 如下：

$$V = 极限力 \times 1.2$$

$$M = V \times h_1$$

式中，h_1 为消能器中心到螺栓群中心的距离。

②扭矩作用下最外侧螺栓的剪力计算如下：取螺栓群的中心为坐标原点，长向为 Y 轴，短向为 X 轴，建立平面直角坐标系，如图 7-27 所示。则最外侧螺栓受到的剪力为

$$N_{1x}^T = \frac{My_1}{\sum x_i^2 + \sum y_i^2}$$

$$N_{1y}^T = \frac{Mx_1}{\sum x_i^2 + \sum y_i^2}$$

式中，x_i 和 y_i 分别为第 i 个螺栓的 x 和 y 坐标。

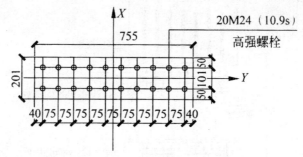

图 7-27　连接板螺栓群坐标系

③剪力作用下，单个螺栓剪力为

$$N_{1y}^V = \frac{V}{n}$$

式中，n 为螺栓群中螺栓个数。

④最外侧螺栓在扭矩和剪力作用下所受合力 N_1 应满足下式

$$N_1 = \sqrt{(N_{1x}^T)^2 + (N_{1y}^T + N_{1y}^V)^2} \leqslant N_V^b$$

式中，N_V^b 为单个螺栓抗剪承载力设计值。

3. 连接板与预埋板的连接计算

对消能器与主体结构的连接设计应予以足够的重视。只有进行正确的连接设计，才能保证消能器在地震作用下正常工作，从而实现预期减震目标。一般情况下连接板与预埋板连接的焊缝长度都远大于消能器作用力需要的焊缝长度，如果施工现场采用双面坡口焊，通常无须进行焊缝验算。在连接板尺寸较小的情况下，可以按照焊缝计算方法进行焊缝承载力的验算。

4. 预埋板与主体结构的连接计算

预埋板与主体结构的连接分为预埋钢筋连接和高强锚栓连接，分别对应新建建筑和加固建筑，两者的计算方法基本相同。本节针对工程中最常用的屈曲约束支撑和软钢剪切阻尼器说明预埋板与主体结构的连接计算。

（1）屈曲约束支撑与埋板的连接计算

1）作用力设计值

$$F=极限力×1.2$$

2）对作用力设计值 F 进行分解（图 7-28）

$$F_1=\frac{d_2}{d_1+d_2}F,F_2=\frac{d_1}{d_1+d_2}F$$

$$F_{1V}=F_1\sin\theta,F_{1H}=F_1\cos\theta$$

$$F_{2V}=F_2\sin\theta,F_{2H}=F_2\cos\theta$$

式中，θ 为消能器轴线与地面的夹角。

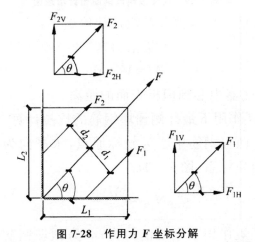

图 7-28　作用力 F 坐标分解

3）通常采用高强螺栓连接，水平向梁上埋板螺栓个数计算如下：

螺栓个数：

$$n_1\geqslant\frac{N_t^b F_{1H}+N_v^b F_{1V}}{N_t^b N_v^b}$$

式中，N_t^b 和 N_v^b 分别为单个螺栓抗拉和抗剪承载力设计值。

4）竖向柱子预埋板螺栓个数计算

螺栓个数：

$$n_2\geqslant\frac{N_v^b F_{2H}+N_t^b F_{2V}}{N_t^b N_v^b}$$

（2）软钢剪切消能器埋板预埋钢筋的受力计算

软钢剪切消能器埋板预埋钢筋不仅承担消能器的剪力 V，还

承担剪力 V 产生的平面内弯矩 M。埋板预埋钢筋同时承担剪力和拉力,计算时需考虑这两个力的合力对预埋钢筋造成的影响。

1)预埋钢筋的布置(图 7-29)

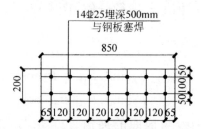

图 7-29　连埋板预埋钢筋布置示意图

2)预埋板剪力设计值和弯矩设计值如下:

$$V = 极限力 \times 1.2$$

$$M = V \times h_2$$

式中,h_2 为消能器中心到埋板表面的距离。

3)弯矩 M 作用下最外侧预埋钢筋的抗拉计算

取最左边两根钢筋中心为坐标原点,水平向为 Y 向,竖向为 X 向建立直角坐标系(图 7-30)。

$$N_{1t} = \frac{My_1}{m \sum y_i^2}$$

式中,N_{1t} 为弯矩作用下钢筋的拉力;m 为预埋钢筋行数,图 7-30 中 $m=2$;y_i 为第 i 排螺栓的 y 坐标。

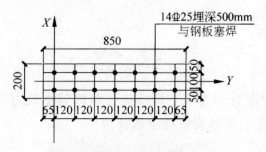

图 7-30　埋板预埋钢筋计算坐标系

4)剪力 V 作用下单根钢筋抗剪计算

$$N_v = \frac{V}{n}$$

式中,n 为预埋钢筋的个数。

5)最外侧预埋钢筋在拉力和剪力的合力作用下,需满足下式:

$$\sqrt{\left(\frac{N_{1t}}{N_t^b}\right)^2+\left(\frac{N_v}{N_v^b}\right)^2}\leqslant 1$$

式中,N_t^b 和 N_v^b 分别为预埋钢筋的抗拉和抗剪承载力设计值 N_t^b 和 N_v^b 的计算应考虑预埋钢筋破坏与锚固区混凝土破坏这两种情况。另外,软钢剪切消能器埋板与原结构通过新增混凝土墙体来连接。新增墙体的截面计算可手算复核或利用计算工具(如:理正工具箱等)验算截面的抗弯、抗剪承载力。配筋形式采用两端设置构造柱、中间按墙体配筋的做法,具体形式如图 7-31 所示。

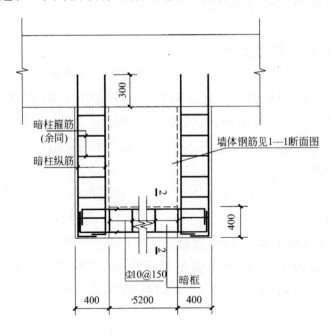

混凝土墙段钢筋构造1

图 7-31　新增墙体配筋示意图

放置软钢剪切消能器位置的结构原梁受到与消能器连接墙体的一对力偶作用,需要验算墙体两端处的结构原梁截面,可手算复核或利用计算工具(如:理正工具箱等)验算截面抗弯、抗剪承载力,原梁计算简化模型如图 7-32 所示。

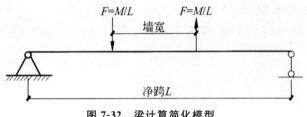

图 7-32　梁计算简化模型

5. 节点施工图

消能器的节点施工图包括以下几个方面内容：
①消能器设计说明。
②消能器平面布置图。
③消能器安装节点详图。

7.4.4　构造要求

消能器的附加内力通过预埋件、支撑和剪力墙（支墩）传递给主体结构构件，要求预埋件、支墩和剪力墙（支墩）在消能器达到极限位移时附加的外力作用下不会失效，因此其构造措施比一般预埋件要求更高。

预埋件的锚筋应与钢板牢固连接，锚筋的锚固长度宜大于 20 倍锚筋直径，且不应小于 250mm。当无法满足锚固长度的要求时，应采取其他有效的锚固措施。

支撑长细比、宽厚比应满足现行标准《钢结构设计规范》（GB 50017—2003）和《高层民用建筑钢结构技术规程》（JGJ 99—98）中心支撑的要求。

剪力墙（支墩）沿长度方向全截面箍筋加密，并配置网状钢筋。

参考文献

[1]朱炳寅.建筑抗震设计规范应用与分析(GB50011—2010)[M].北京:中国建筑工业出版社,2011.

[2]吕西林等.建筑结构抗震设计理论与实例[M].3版.上海:同济大学出版社,2011.

[3]李达.抗震结构设计[M].北京:化学工业出版社,2009.

[4]上官子昌,经东风,王新明等.建筑抗震设计[M].北京:机械工业出版社,2012.

[5]薛素铎,赵均,高向宇.建筑抗震设计[M].2版.北京:科学出版社,2007.

[6]李英民,杨溥.建筑结构抗震设计[M].重庆:重庆大学出版社,2011.

[7]裴星洙.建筑结构抗震分析与设计[M].北京:北京大学出版社,2013.

[8]吴献.建筑结构抗震设计[M].哈尔滨:哈尔滨工业大学出版社,2009.

[9]刘伯权,吴涛等.建筑结构抗震设计[M].北京:机械工业出版社,2011.

[10]易方民,高小旺,苏经宇等.建筑抗震设计规范理解与应用[M].2版.北京:中国建筑工业出版社,2011.

[11]张玉敏,苏幼坡,韩建强.建筑结构与抗震设计[M].北京:清华大学出版社,2016.

[12]白国良,马建勋.建筑结构抗震设计[M].北京:科学出版社,2012.

[13]徐至钧.建筑隔震技术与工程应用[M].北京:中国标准出版社,2013.

[14]钱永梅,王若竹.建筑结构抗震设计[M].北京:化学工业出版社,2009.

[15]龙帮云,刘殿华.建筑结构抗震设计[M].南京:东南大学出版社,2011.

[16]桂国庆.建筑结构抗震设计[M].重庆:重庆大学出版社,2015.

[17]潘鹏等.建筑结构消能减震设计与案例[M].北京:清华大学出版社,2014.

[18]李九宏.建筑结构抗震构造设计[M].武汉:武汉理工大学出版社,2008.

[19]国家标准 GB 50011—2010,建筑抗震设计规范[S].北京:中国建筑工业出版社,2010.

[20]国家标准 GB 50010—2010,混凝土结构设计规范[S].北京:中国建筑工业出版社,2010.

[21]国家标准 GB 50009—2012,建筑结构荷载规范[S].北京:中国建筑工业出版社,2012.

[22]国家标准 GB 50007—2011,建筑地基基础设计规范[S].北京:中国建筑工业出版社,2011.

[23]国家标准 GB 50017—2014,钢结构设计规范[S].北京:中国建筑工业出版社,2014.

[24]国家标准 JGJ3—2010,高层建筑混凝土结构技术规程[S].北京:中国建筑工业出版社,2010.